普通高等教育"十三五"规划教材

 服务外包产教融合系列教材

主编 迟云平　副主编 宁佳英

路由交换技术
服务实训

主编　周　伟　苏进胜

华南理工大学出版社
SOUTH CHINA UNIVERSITY OF TECHNOLOGY PRESS

·广州·

图书在版编目（CIP）数据

路由交换技术服务实训/周伟，苏进胜主编 . —广州：华南理工大学出版社，
2017. 12（2019. 1 重印）

（服务外包产教融合系列教材/迟云平主编）

ISBN 978 - 7 - 5623 - 5476 - 5

Ⅰ. ①路…　Ⅱ. ①周… ②苏…　Ⅲ. ①计算机网络 - 路由选择 - 教材
Ⅳ. ①TN915. O5

中国版本图书馆 CIP 数据核字（2017）第 291250 号

路由交换技术服务实训

周伟　苏进胜　主编

出 版 人：卢家明

出版发行：华南理工大学出版社

　　　　　（广州五山华南理工大学 17 号楼，邮编 510640）

　　　　　http://www. scutpress. com. cn　　E-mail：scutc13@ scut. edu. cn

　　　　　营销部电话：020 - 87113487　87111048 （传真）

总 策 划：卢家明　潘宜玲

执行策划：詹志青

责任编辑：欧建岸

印 刷 者：佛山市浩文彩色印刷有限公司

开　　本：787mm×1092mm　1/16　印张：12.5　字数：281 千

版　　次：2017 年 12 月第 1 版　2019 年 1 月第 2 次印刷

印　　数：1 001～2 000 册

定　　价：30.00 元

"服务外包产教融合系列教材"
编审委员会

总　序

　　发展服务外包，有利于提升我国服务业的技术水平、服务水平，推动出口贸易和服务业的国际化，促进国内现代服务业的发展。在国家和各地方政府的大力支持下，我国服务外包产业经过 10 年快速发展，规模日益扩大，领域逐步拓宽，已经成为中国经济新增长的新引擎、开放型经济的新亮点、结构优化的新标志、绿色共享发展的新动能、信息技术与制造业深度整合的新平台、高学历人才集聚的新产业，基于互联网、物联网、云计算、大数据等一系列新技术的新型商业模式应运而生，服务外包企业的国际竞争力不断提升，逐步进入国际产业链和价值链的高端。服务外包产业以极高的孵化、融合功能，助力我国航天服务、轨道交通、航运、医药、医疗、金融、智慧健康、云生态、智能制造、电商等众多领域的不断创新，通过重组价值链、优化资源配置降低了成本并增强了企业核心竞争力，更好地满足了国家"保增长、扩内需、调结构、促就业"的战略需要。

　　创新是服务外包发展的核心动力。我国传统产业转型升级，一定要通过新技术、新商业模式和新组织架构来实现，这为服务外包产业释放出更为广阔的发展空间。目前，"众包"方式已被普遍运用，以重塑传统的发包/接包关系，战略合作与协作网络平台作用凸显，从而促使服务外包行业人员的从业方式发生了显著变化，特别是中高端人才和专业人士更需要在人才共享平台上根据项目进行有效整合。从发展趋势看，服务外包企业未来的竞争将是资源整合能力的竞争，谁能最大限度地整合各类资源，谁就能在未来的竞争中脱颖而出。

　　广州大学华软软件学院是我国华南地区最早介入服务外包人才培养的高等院校，也是广东省和广州市首批认证的服务外包人才培养基地，还是我国服务外包人才培养示范机构。该院历年毕业生进入服务外包企业从业平均比例高达 66.3% 以上，并且获得业界高度认同。常务副院长迟云平获评 2015 年度服务外包杰出贡献人物。该院组织了近百名具有丰富教学实践经验的一线教师，历时一年多，认真负责地编写了软件、网络、游戏、数码、管理、财务等专业的服务外包系列教材 30 余种，将对各行业发展具有引领作用的服务外包相关知识引入大学学历教育，着力培养学生对产业发展、技术创新、模式创新和产业融合发展的立体视角，同时具有一定的国际视野。

当前，我国正在大力推动"一带一路"建设和创新创业教育。广州大学华软软件学院抓住这一历史性机遇，与国家发展和改革委员会国际合作中心合作成立创新创业学院和服务外包研究院，共建国际合作示范院校。这充分反映了华软软件学院领导层对教育与产业结合的深刻把握，对人才培养与产业促进的高度理解，并愿意不遗余力地付出。我相信这样一套探讨服务外包产教融合的系列教材，一定会受到相关政策制定者和学术研究者的欢迎与重视。

借此，谨祝愿广州大学华软软件学院在国际化服务外包人才培养的路上越走越好！

国家发展和改革委员会国际合作中心主任

2017 年 1 月 25 日于北京

前　言

在信息技术中，ITO（information technology outsourcing）意思为信息技术外包，是指服务外包发包商委托服务外包提供商向企业提供部分或全部信息技术服务。ITO 主要包括信息技术系统、应用管理及技术支持服务。

据中国服务外包研究中心统计，目前全国已有 130 多个地级以上城市发展服务外包产业。2016 年，我国企业签订服务外包合同金额为 1472.3 亿美元，执行金额为 1064.6 亿美元，分别比 2015 年增长 12.45% 和 10.11%。2016 年信息技术外包（ITO）、业务流程外包（BPO）和知识流程外包（KPO）合同执行金额分别为 563.5 亿美元、173 亿美元和 335.6 亿美元，执行金额比例由 2015 年的 49 : 14.2 : 36.8 调整为 53 : 16 : 31。基于企业信息化需求的提升与云计算业务的快速发展，ITO 比重大幅增加。《2016 年中国服务外包企业调查景气指数报告》中指出，2016 年下半年，在细分市场中 IT 解决方案/IT 咨询、集成电路、信息系统运维外包、人力资源管理、财务管理、供应链管理、其他管理外包都较为乐观。

本书主要涉及信息系统运维外包的网络外包路由交换技术服务，旨在通过一个完整的项目案例向读者展示局域网的路由交换技术原理与配置、项目需求分析及解决方案、运维过程中的故障排查与注意事项等。本书把各个知识点的实践融合到一个项目案例中，打破了原来很多教材各章实践部分各自独立的状况。读者可通过边读本书边实践，从网络基本概念、交换机的各种配置到路由器的各种配置，掌握完成一个完整项目的技能。

本书由周伟组织编写及统稿，其中第 1 章、第 7～12 章由周伟编写，第 2～6 章由苏进胜编写。在本书的编写过程中，得到了我的家人和广州大学华软软件学院国际服务外包人才培训基地的大力支持，在此表示衷心的感谢。

由于编者水平有限，书中难免有不妥和错误之处，恳请广大读者批评指正。E-mail：zwei@ sise. com. cn。

周 伟
广州大学华软软件学院
2017 年 3 月

目　　录

1 计算机网络概述

计算机网络是计算机技术与通信技术相结合的产物。计算机网络是信息收集、分配、存储、处理、消费的重要载体，是网络经济的核心，深刻地影响着经济、社会、文化、科技，是工作和生活的重要工具之一。

1.1 计算机网络的定义

通常来说，计算机网络就是利用通信线路和通信设备把计算机连接起来的计算机的集合，其目的是实现资源共享、实时通信等。

对计算机网络的理解主要有三种观点：

(1)广义观点。持此观点的人认为，只要能实现远程信息处理的系统或能进一步达到资源共享的系统都可以成为计算机网络。

(2)资源共享观点。持此观点的人认为：计算机网络必须是由具有独立功能的计算机组成的、能够实现资源共享的系统。

(3)用户透明观点。持此观点的人认为，计算机网络就是一台超级计算机，资源丰富、功能强大，其使用方式对用户透明；用户使用网络就像使用单一计算机一样，无须了解网络的存在、资源的位置等信息。这是最高标准，目前还未实现，是计算机网络未来发展追求的目标。

1.2 计算机网络的物理组成

从物理构成来看，计算机网络包括硬件、软件、协议三大部分。

1. 硬件

(1)主机。两台以上的计算机及终端设备。

(2)前端处理机或通信控制处理机。负责发送、接收数据。如网卡就是最简单的通信控制处理机。

(3)路由器、交换机等网络互联设备。交换机将计算机联接成网络，路由器将网络互联组成更大的网络。

（4）通信线路。将信号从一个地方传送到另一个地方，包括有线线路和无线线路。

2．软件

主要有操作系统、实现资源共享的软件、方便用户使用的各种工具软件。

3．协议

协议由语法、语义和时序三部分构成。其中语法部分规定传输数据的格式，语义部分规定所要完成的功能，时序部分规定执行各种操作的条件和顺序关系等。协议是计算机网络的核心。

1.3 计算机网络的分类

计算机网络的分类方法有很多，可以按照网络覆盖范围划分，也可以按网络功能划分，还可以按网络的拓扑结构划分。

1．按网络覆盖范围分类

按照网络所覆盖的范围划分，通常分为个域网、局域网、城域网和广域网。

（1）个域网。一般指家庭内甚至是个人随身携带的网络，一般分布在几米范围内，用于将家用电器、消费电子设备、少量计算机设备联接成的一个小型网络。个域网以无线通信方式为主。

（2）局域网。通常指在一个较小的地理范围内存在的网络，一般分布在几十米到几千米范围。

（3）城域网。一般分布在一个城区，一般使用广域网技术，可以看成是一个较小的广域网。

（4）广域网。一般分布在数十公里以上区域。通常指分布在不同城市、国家的网络。由于范围大，广域网的构建通常不是由公司或个人独立完成的。

2．按网络功能分类

从功能上，计算机网络由资源子网和通信子网两部分组成，如图1-1所示。资源子网主要是各种计算机，完成数据的处理、存储等功能；通信子网包含各种通信设备和通信线路，完成数据的传输功能。

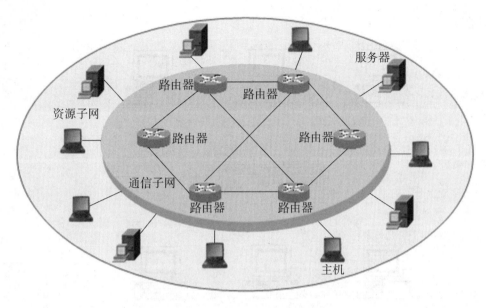

图 1-1　资源子网与通信子网

3. 按网络的拓扑结构分类

按拓扑结构可将计算机网络划分为总线型网络、星形网络、环形网络、网状网络等基本形式。

(1) 总线型网络。总线型网络就是用单总线把各计算机连接起来的网络,如图 1-2 所示。总线型网络的优点是建网容易,增减节点方便,节省线路;缺点是重负载时通信效率不高。

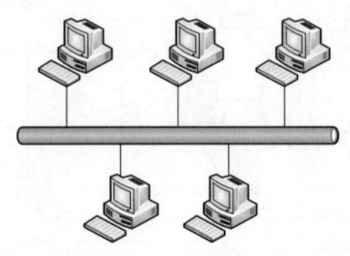

图 1-2　总线型拓扑

(2) 星形网络。每个终端或计算机都以单独(专用)的线路与一中央设备相连的网络,如图 1-3 所示。中央设备早期是计算机,现在一般是交换机或路由器。星形网络的优点是结构简单,建网容易,延迟小,便于管理;缺点是成本高,中心节点容易形成单点故障。

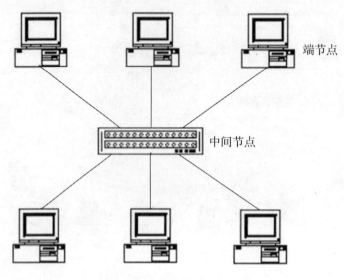

图 1 - 3　星形拓扑

（3）环形网络。所有计算机连接成一个环，可以是单环，也可以是双环，这样的网络就是环形网络。环中信号是单向传输的。双环网络两个环上的信号传输方向相反，具备自愈功能。环形网络如图 1 - 4 所示。

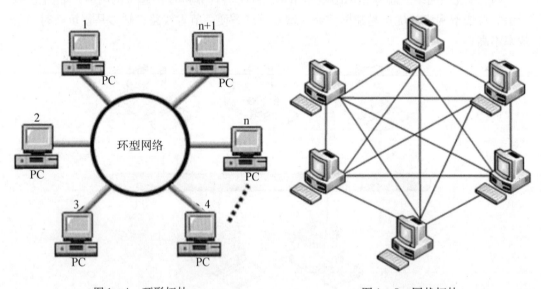

图 1 - 4　环形拓扑　　　　　　　　　图 1 - 5　网状拓扑

（4）网状网络。一般情况下，网状网络每个节点至少有两条路径与其他节点相联。网状网络的优点是可靠性高；其缺点是控制复杂，线路成本高。网状网络如图 1 - 5 所示。

1.4 网络设备

通信子网包括网卡、交换机、路由器等各种网络设备。通常来说，网卡、集线器、交换机（包括多层交换机）主要用于构建局域网；路由器可以用在局域网，更多的用在广域网。

1. 网卡

网卡又称网络接口卡或者网络适配器，用于实现联网计算机和网络电缆之间的物理连接，为计算机之间相互通信提供一条物理通道，并通过这条通道进行数据传输。无论是双绞线连接、同轴电缆连接还是光纤连接，都必须借助网卡才能实现数据的通信。在局域网中，每一台联网计算机都需要安装一块或多块网卡，通过介质连接器将计算机接入网络系统。

网卡完成物理层和数据链路层的大部分功能，包括网卡与电缆的物理连接、介质访问控制、数据帧的拆装、帧的发送与接收、错误校验、数据信号的编/解码、数据的串/并行转换等功能。

所有的网卡都有一个称为 MAC 地址的物理地址。MAC 地址共 48 位二进制位。MAC 地址是网卡用来判断数据是否发送给自己的重要依据，网卡只会接受目的 MAC 地址为自己 MAC 地址的数据帧，或广播帧，或组播帧，并将接受下来的数据帧中数据链路层以上的部分交由网络层处理。

2. 集线器

集线器也称 HUB，是物理层设备。集线器只是简单地从某个端口接收信号然后复制到其他所有端口并发送出去。使用集线器构成的拓扑物理上是星形拓扑，任何时候只能有一台计算机发送数据。

3. 交换机

交换机工作在数据链路层，它能够识别帧的内容。交换机依赖于一张 MAC 地址与端口的映射表来进行工作，是一种基于 MAC 地址识别，能完成封装转发数据帧功能的网络设备。交换机可以"学习"MAC 地址，并把它存放在内部地址表中，通过在数据帧的始发者和目标接收者之间建立临时的交换路径，使数据帧直接由源地址到达目的地址。交换机的工作原理为：交换机根据收到的数据帧中的源 MAC 地址建立该地址同交换机端口的映射关系，并将其写入 MAC 地址表中。当一台计算机发送一次数据帧后，就被交换机记录下来。如果有其他的计算机向这台计算机发送数据，数据只会从特定端口转发出去，而不会从其他端口转发。如果交换机收到的数据帧中的目的 MAC 地址不在 MAC 地址表中，则向所有端口转发。另外，广播帧和组播帧也向所有的端口转发。

4. 路由器

路由器是属于网络层的互联设备，根据网络地址来工作，用于连接多个逻辑上分开的网络。所谓逻辑网络，就是拥有独立网络地址的网络。路由器可以隔离广播域，使网络中的广播限制在本地，不会扩散到另一个网络中。

路
由
交
换
技
术
服
务
实
训

1.5 层次化网络模型

规模较大的局域网常采用典型的三层架构：核心层、汇聚层、接入层。其层次模型如图 1-6 所示，所对应的拓扑结构如图 1-7 所示。

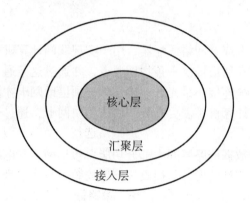

图 1-6 层次模型

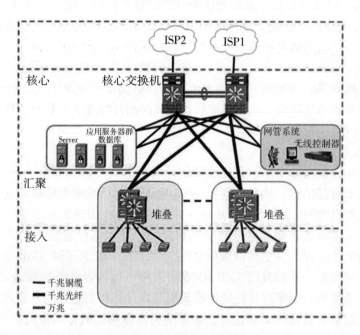

图 1-7 层次化拓扑结构

1. **核心层**

核心层的主要功能是实现骨干网络之间的优化传输。设计核心层的重点通常是冗余能力、可靠性和高速的传输。网络的控制功能最好尽量少在核心层上实施。核心层一直

服务外包产教融合系列教材

被认为是所有流量的最终承受者和汇聚者，所以对核心层的设计以及网络设备的要求十分严格。核心层设备将占投资的主要部分。核心层需要考虑冗余设计。

2. 汇聚层

在园区网中，汇聚层是核心层和接入层之间的分界点。它有助于定义和区分核心层。汇聚层的功能是对网络的边界进行定义。对数据包/帧的处理应该在汇聚层完成。在园区网络环境中，汇聚层可以包含下列一些功能：

(1)地址或区域的汇聚。

(2)将部门或工作组的访问连接到核心层。

(3)广播/组播域的定义。

(4)VLAN 间(Inter – VLAN)路由选择。

(5)介质转换。

(6)安全策略。

在非园区网络环境中，汇聚层负责处理路由选择域之间的信息重分配，并且通常是静态和动态路由选择协议之间的分界点。汇聚层也可以是远程站点访问企业网络的接入点。可以将汇聚层汇总为提供基于策略连接的层。数据包的处理、过滤、路由汇总、路由过滤、路由重新分配、VLAN 间路由选择、策略路由和安全策略是汇聚层的一些主要功能。

3. 接入层

接入层是本地终端用户被许可接入网络的点。接入层同样可以使用策略来满足一组特定用户的需要，比如满足那些经常参加视频会议的用户的需求。通常二层交换机在接入层中起非常重要的作用。在接入层中，交换机被称为边缘设备，因为它们位于网络的边界上。在园区网络环境中，接入层包括下列功能：

(1)共享带宽。

(2)交换带宽。

(3)MAC 层过滤。

(4)微分段。

在非园区网络环境中，接入层可以通过广域技术，比如普通老式电话系统、帧中继、ISDN、xDSL 和租用线路，将远程站点接入企业网。

一些人错误地认为核心层、汇聚层和接入层在网络中以清楚明确的物理实体形式存在。实际情况并非这样。层次的定义是为了实现网络设计和表示网络中必须具备的功能。各层的实例可以是单独的路由器、交换机，可以用物理介质表示，也可以合成一台设备或者完全省略。各层如何实现需要根据网络设计的目标来确定。然而，要使网络能以最优的方式工作，分级是必需的。

1.6 项目拓扑

本书将详细介绍采用路由交换技术如何完成图 1 – 8 所示项目中的路由交换设备配

置。这个项目拓扑是一个园区网络的简化版本，所采用的技术也是路由交换配置技术服务中常用的技术。项目中所要完成的技术服务要求在每一章中单独列出。拓扑图中各个设备之间的连接端口如表 1-1 所示，各个端口的 IP 地址如表 1-2 所示。

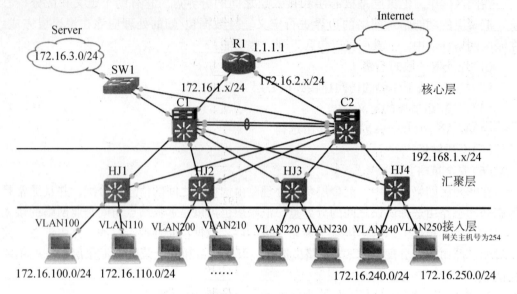

图 1-8 项目拓扑图

表 1-1 项目拓扑设备间端口对应表

本地 <--> 对端	本地端口 <--> 对端端口
C1 <--> R1	E1/0 <--> E0/0
C1 <--> SW1	E1/1 <--> 1
C1 <--> C2	F0/0 <--> F0/0
	F0/1 <--> F0/1
C1 <--> HJ1	F0/2 <--> F0/0
C1 <--> HJ2	F0/3 <--> F0/0
C1 <--> HJ3	F0/4 <--> F0/0
C1 <--> HJ4	F0/5 <--> F0/0
C2 <--> R1	E1/0 <--> E0/1
C2 <--> SW1	E1/1 <--> 2
C2 <--> HJ1	F0/2 <--> F0/1
C2 <--> HJ2	F0/3 <--> F0/1
C2 <--> HJ3	F0/4 <--> F0/1
C2 <--> HJ4	F0/5 <--> F0/1
R1 <--> Internet	E0/2 <--> E0/0

表 1-2 项目拓扑 IP 地址分配表

IP 地址分配表		
设备	端口	IP(掩码全部为 24 位)
R1	E0/0	172.16.1.1
R1	E0/1	172.16.2.1
C1	E1/0	172.16.1.2
C1	E1/1	172.16.3.252
C1	VLAN1	192.168.1.1
C2	E1/0	172.16.2.2
C2	E1/1	172.16.3.253
C2	VLAN1	192.168.1.2
HJ1	VLAN1	192.168.1.3
HJ1	VLAN100	172.16.100.254
HJ1	VLAN110	172.16.110.254
HJ2	VLAN1	192.168.1.4
HJ2	VLAN200	172.16.200.254
HJ2	VLAN210	172.16.210.254
HJ3	VLAN1	192.168.1.5
HJ3	VLAN220	172.16.220.254
HJ3	VLAN230	172.16.230.254
HJ4	VLAN1	192.168.1.6
HJ4	VLAN240	172.16.240.254
HJ4	VLAN250	172.16.250.254

2 交换机基本配置

2.1 IOS 概述

IOS(Internetwork Operating System)是运行于交换机和路由器上的主要操作系统。

思科(Cisco)公司将整个 IOS 存成一个文件,称为 IOS 映像,存储在路由器的闪存中,IOS 指挥和协调 Cisco 设备的硬件进行网络服务和应用的传递。通过 IOS 命令,可以为 Cisco 网络设备进行各种配置,使之适应各种网络功能。

通过 IOS,可以实现以下三个方面的配置:

(1)实现网络所需的策略。

(2)设定协议地址和参数。

(3)实现管理性的操作。

2.2 交换机的基本配置

2.2.1 交换机的配置模式

IOS 通过控制台命令行方式进行设备的配置。Cisco 生产的路由器和交换机,其 IOS 不完全相同。交换机有初始的设置,即使不进行任何配置,也可依靠初始配置进行工作。路由器必须进行配置,否则不能正常工作。

交换机的命令行(CLI, Command Line Interface)界面由 IOS 提供。IOS 由一系列的配置命令组成。这些命令配置和管理交换机时所起的作用不同,不同类别的命令对应着不同的配置模式。下面以 Cisco 交换机产品为例介绍交换机的配置模式。总体来说,Cisco 的 IOS 命令行模式有三种基本的配置模式。

1. 用户模式

用户进入 CLI 界面,首先进入的是用户模式。用户模式的提示符为Switch >。

在用户模式下只能进行有限的操作,比如用 ping 和 show version 等命令查看一些配置情况,但不能对交换机进行任何配置。

2. 特权模式

用户模式下输入 Enable 命令进入特权模式。特权模式的提示符为Switch #。

在特权模式下,用户可以查看交换机的配置信息、各个端口的连接情况。

3. 全局配置模式

特权模式下输入 Configure Terminal 命令进入全局配置模式。提示符为 Switch (config)#。

在全局配置模式下，用户可以对交换机进行全局性的配置，如创建 VLAN。在全局配置模式下还可以进入到其他子模式进行配置，这些子模式包括 VLAN 配置子模式、接口配置子模式和线路配置子模式等，相应的提示符分别是 Switch(config – vlan)#、Switch(config – if) 和 Switch(config – line)。

2.2.2 交换机配置的常用基本命令

1. 常用的特权命令

(1) show interface。用来显示交换机端口的信息。

(2) show ip interface brief。概要显示交换机各端口的信息。

(3) show running – config。用来显示当前运行状态下生效的交换机运行配置文件。

(4) show startup – config。用来显示当前运行状态下写在 NVRAM 中的交换机启动配置文件，通常也是交换机下次加电启动时所用的配置文件。

(5) copy running – config startup – config 或者 write。用于将当前运行配置文件保存到 NVRAM 中成为启动配置文件。

(6) show version。显示交换机 IOS 版本信息。

(7) reload。用于重新启动交换机(热启动)。

(8) ping。用于测试设备间的连通性。

2. 常用的全局配置模式命令

(1) hostname。用于设置设备的名称，该名称是出现在交换机 CLI 提示符中的名字，方便识别当前设备。

(2) enable password。用于设置交换机的 enable 密码。也就是从用户模式进入特权模式的时候需要输入的密码。此密码不加密。

(3) enable secret。用于设置交换机的 enable 密码，此密码会用 MD5 加密。如果同时用 enable password 和 enable secret 设置密码，则加密密码有效。

(4) no ip domain – lookup。在默认情况下，如果用户不小心输入了一条错误的命令，系统会尝试查找 DNS 服务器进行域名解释，这会耽误较长时间。这时可以使用此命令禁用域名解释。如果出现了此种情况，可以用 Ctrl + Shift + 6 快速解除解释过程。

(5) shutdown 和 no shutdown。用来关闭和打开端口。

2.3 交换机基础知识

2.3.1 交换机的组成

交换机由硬件和软件组成，本质是一台单板机。硬件由 CPU(中央处理器)、只读存储器、内存(RAM)、闪存(Flash Memory)、非易失性内存(NVRAM)、端口、控制台端口(Console Portable)、辅助端口(Auxiliary Port)、线缆等物理硬件和电路组成。软件由操作系统和运行配置文件组成。

　　交换机的端口是交换机最重要的组成部分。低档交换机仅有数量极少的固定端口;中档交换机由少量的模块化插槽和固定端口组成;高档交换机通常是模块化的交换机,由多个模块化插槽组成。

　　交换机的端口通常有8口、24口和48口,编号规则为"插槽号/端口在插槽上的编号"。思科交换机 Catalyst 3560 面板如图 2−1 所示。

图 2−1　思科交换机 Catalyst 3560 面板

2.3.2　交换机初始配置

　　刚买回来的新交换机通常要进行首次配置,比如配置设备名称和管理 IP 等。可以用厂家附送的配置线(Console 线)连接计算机,通过 Windows 系统自带的超级终端来连接交换机。这样配置交换机是不占用网络带宽的管理方式,通常叫带外管理。Console线一端是 RJ45 接口,连接交换机的 Console 口,另一端为 9 针的端口,连接 PC 机的RS232 口。交换机的 Console 线如图 2−2 所示,带外管理 PC 机与交换机的连接如图2−3 所示,超级终端的设置如图 2−4 所示。

RJ45接口

连接RS232口

图 2−2　Console 线

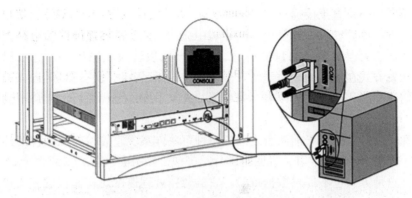

图 2-3　交换机带外管理连接

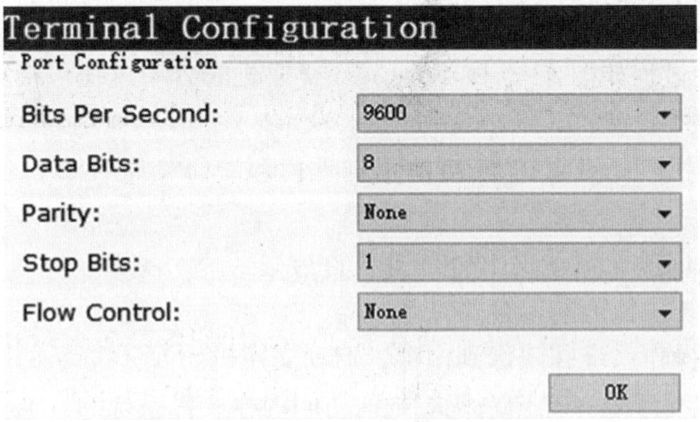

图 2-4　超级终端的配置参数

2.3.3　交换机的工作原理

交换机在数据通信中主要完成两个基本操作：

(1)构造和维护 MAC 地址表。

(2)交换数据帧。即打开源端口与目标端口之间的数据通道，把数据转发到目标端口上。

在交换机中，有一个交换地址表，记录着主机 MAC 地址和该主机所连接的交换机端口之间的对应关系，称为 MAC 地址表。交换机采用动态自主学习源 MAC 地址的方法构造和维护 MAC 地址表。

交换机是数据链路层设备，其主要功能是快速高效、准确无误地转发数据帧。交换机转发数据帧的模式有三种：直接转发、存储转发和无碎片转发。其中存储转发是交换机的主要转发方式。

直接转发：在输入端口检测到一个数据包时，检查该包的包头，获取包的目的地址，根据目的地址把数据包直通到相应端口，实现交换功能。由于不需要存储，直接转发延迟非常小、交换非常快。它的缺点是，因为数据包内容并没有被以太网交换机保存下来，所以无法检查所传送的数据包是否有误，没有错误检测能力。由于没有缓存，不能将速率不同的端口直接接通，而且容易丢包。

存储转发：存储转发是计算机网络领域中应用最广泛的转发方式。它检查输入端口的数据包，取出无误数据包的目的地址，通过查找表转换成输出端口送出包。正因如此，存储转发方式在数据处理时延时大。这是它的不足。但是它可以对进入交换机的数据包进行错误检测，能有效地改善网络性能，尤其重要的是，它可以支持不同速度端口间的转发，保持高速端口与低速端口间协同工作。

无碎片转发：这是介于前两者之间的一种解决方案。它先检查数据包的长度是否够64个字节：如果小于64字节，说明是碎片是废包，则丢弃该包；如果大于64字节，则发送该包。这种方式也不提供数据校验。它的数据处理速度比存储转发方式快，但比直接转发慢。

2.3.4 交换机的存储介质和启动过程

交换机的启动过程如图2-5所示。Cisco交换机的启动过程包括启动启动装载程序的操作，并完成以下任务：

（1）完成交换机初始化。它将初始化物理内存、CPU寄存器，包括数量、速度等参数。

（2）执行低级CPU子系统的POST（开机自检）。

（3）初始化系统主板上的闪存文件系统。

（4）装载默认操作系统并映像到内存，启动交换机。

这个启动装载程序是在操作系统装载前访问闪存文件系统的。通常情况下，启动装载程序仅用于装载、解压和登录操作系统。在启动装载程序移交CPU控制权限到操作系统后，这个启动装载程序就处于非活动状态，直到下次系统重启或重新开启电源。

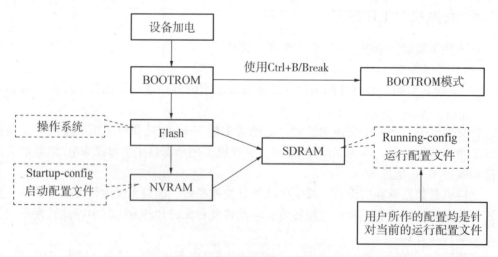

图2-5 交换机的启动过程

交换机启动时涉及两个配置文件：

（1）启动配置文件：Startup-config文件。该文件存放于NVRAM中，并且在交换机每次启动后加载到 SDRAM 中，变成运行配置文件 Running – config。

（2）运行配置文件：Running – config 文件。该文件驻留在 SDRAM 中。当通过交换机 CLI 命令行对交换机进行配置时，配置命令被实时添加到运行配置文件中并被立即执行。但是这些新添加的配置命令不会被自动保存到 NVRAM 中。所以当对交换机进行重新配置或者修改配置后，应该将当前的运行配置文件保存到 NVRAM 中变成启动配置文件，以使交换机重新启动后配置内容不丢失。在特权模式下使用命令 copy running – config startup – config 或者 write 命令将运行配置文件保存为启动配置文件。

2.3.5　交换机常用配置

1. Console 口管理安全配置

Console 口安全是指当用户从 Console 口进入交换机的用户模式时，需要检查用户名和密码或者只检查密码，以增强网络的安全性。

（1）Console 口管理安全配置（只检查用户名和密码）：

```
Switch > enable
Switch#configure terminal
Enter configuration commands, one per line.  End with CNTL/Z.
Switch(config)#username cisco password cisco  //设置用户名和密码
Switch(config)#line console 0
Switch(config - line)#login local  //需要验证用户名和密码
Switch(config - line)#exec - timeout 10 //设定超时时间
Switch(config - line)#exit
Switch(config)#exit
Switch#
Switch#write
Building configuration...
[OK]
Switch#reload
Proceed with reload? [confirm]
User Access Verification
//交换机重启后进入交换机需要验证用户名和密码,下面部分就是交换机显示的需要用户输入用户
//名和密码的验证部分
Username: cisco
Password:
//在输入密码时,密码不在界面上显示,所以上面的"password:"后面看起来全是空的.
//只有用户名和密码验证通过才能进入下面交换机的用户模式界面.
Switch >
```

（2）Console 口管理安全配置（只检查密码）：

```
Switch > enable
Switch#configure terminal
Enter configuration commands, one per line.   End with CNTL/Z.
Switch(config)#line console 0
Switch(config - line)#password cisco //只设定密码
Switch(config - line)#login      //只验证密码
Switch(config - line)#exit
Switch(config)#exit
Switch#
Switch#write
Building configuration...
[OK]
Switch#reload
Proceed with reload? [confirm]
User Access Verification
Password:
//重启交换机后,进入交换机需要验证密码,没有用户名的输入部分.
//只有密码验证通过才能进入交换机的用户模式界面.
Switch >
```

2. Telnet 及其管理安全配置

一旦交换机投入生产使用，则 Telnet 方式配置管理交换机是常用的一种带内管理方式。

（1）在交换机上配置 Telnet（要求检查用户名和密码）：

```
Switch > enable
Switch#configure terminal
Enter configuration commands, one per line.   End with CNTL/Z.
Switch(config)#interface vlan 1     //配置交换机的管理 IP
Switch(config - if)#ip address 192.168.1.1   255.255.255.0
Switch(config - if)#no shutdown
Switch(config - if)#exit
Switch(config)#ip default - gateway 192.168.1.254
Switch(config)#username cisco password cisco   //设置一个本地用户名和密码
Switch(config)#line vty 0 4    //允许 5 个终端同时远程登录
Switch(config - line)#login local   //需要同时验证用户名和密码
Switch(config - line)#exit
Switch(config)#
Switch#
```

（2）在交换机上配置 Telnet（只要求检查密码）：

```
Switch >
Switch > enable
Switch#configure terminal
Enter configuration commands, one per line.    End with CNTL/Z.
Switch(config)#interface vlan 1    //配置交换机的管理 IP
Switch(config - if)#ip address 192.168.1.1   255.255.255.0
Switch(config - if)#no shutdown
Switch(config - if)#exit
Switch(config)#ip default - gateway 192.168.1.254    //配置默认网关
Switch(config)#line vty 0 4
Switch(config - line)#password cisco    //只设置登录密码
Switch(config - line)#login    //只验证密码
Switch(config - line)#exit
Switch(config)#exit
Switch#
```

3. 管理 MAC 地址表

（1）查看 MAC 地址表的命令：

```
Switch#show mac - address - table
```

输入此命令后会有类似下面部分的显示：

```
Mac Address Table
- - - - - - - - - - - - - - - - - - - - - - - - - - - - - - - - - - - - - - - -

Vlan    Mac Address       Type        Ports
- - - -   - - - - - - - - - - - - -    - - - - - -    - - - - - -
1    0040.0b46.554a    DYNAMIC    Fa0/1
```

（2）清空 MAC 地址表的命令。交换机对 MAC 地址里的每条表项都设置一个计时器，如果一台主机 300s 内没有发送数据帧到达交换机，交换机的计时器就认为它超时。交换机会把超时的主机 MAC 地址从 MAC 地址表里清除，以省出空间来存储别的 MAC 地址。手工清除 MAC 地址表的命令如下：

```
Switch#clear mac - address - table
```

4. 交换机配置文件的备份和重置

配置好交换机之后，为防止由于交换机故障而导致配置文件丢失的情况发生，需要把交换机的配置文件从交换机下载保存到稳妥的地方。目前较为常用的备份和恢复交换机配置的方法是采用 TFTP（Trivial File Transfer Protocol，简单文件传输协议）服务器进行备份和恢复。我们需要事先准备一个 TFTP 服务器。TFTP 是 TCP/IP 协议簇中的一个用来在客户机与服务器之间进行简单文件传输的协议，提供不复杂、开销不大的文件传输服务，其特点是功能精简，小而灵活。

交换机配置文件备份是将交换机的当前运行配置文件 Running – config 或启动配置文件 Startup – config 保存到 TFTP 服务器上；交换机配置文件恢复是从 TFTP 服务器上下载以前的备份文件到交换机上，作为启动配置文件。

备份命令：

```
copy startup - config tftp:
```

恢复命令：

```
copy tftp: startup - config
```

5. 交换机 IOS 的备份和升级

交换机的 IOS 保存在 Flash 闪存中。查看 Flash 下的文件用命令 dir。备份命令：

```
copy flash tftp:
```

恢复命令：

```
copy tftp: flash
```

2.4　项目实施：Telnet 方式访问交换机

1. 发包方项目要求

在项目拓扑图 1 – 8 中，管理员需要进行日常的交换机和路由器的管理维护工作，要求管理员能在内网中以较方便的方式对内网中的设备进行管理和维护。

2. 接包方项目分析

项目拓扑图 1 – 8 中，管理员需要进行日常的交换机和路由器的管理维护工作。这些交换机经过初始配置后，一直在网服务。如果根据网络需要对这些网络设备进行参数更改和配置，一般有两种方法：一种是通过 Console 线直接进行物理连接来配置，另外一种是用管理员的终端 PC 远程登录这些设备进行管理和维护。显然后面的这种管理方法会带来很大的方便。交换机允许 Telnet 方式进行远程管理，需要配置一个管理 IP（通常在 VLAN 1 上配置）和登录密码，同时还需要配置一个特权密码。本项目中我们以 HJ1 交换机为例配置远程 Telnet 登录。

3. 项目配置实施

（1）配置交换机 HJ1 的 Telnet 登录密码和特权密码：

```
Switch > enable
Switch#configure terminal
Enter configuration commands, one per line.   End with CNTL/Z.
```

```
Switch(config)#hostname HJ1
HJ1(config)#line vty 0 4      //进入虚拟终端线路配置模式
HJ1(config-line)#password cisco //配置 Telnet 登录密码为"cisco"
HJ1(config-line)#login        //登录时验证配置的密码
HJ1(config-line)#exit
HJ1(config)#enable password sise //配置特权密码为"sise"
HJ1(config)#exit
HJ1#
```

（2）配置交换机 HJ1 的管理 IP：

```
HJ1#configure terminal
HJ1(config)#
HJ1(config)#vlan 1
HJ1(config-vlan)#exit
HJ1(config)#interface vlan 1
HJ1(config-if)#ip address 192.168.1.3  255.255.255.0
HJ1(config-if)#no shutdown
```

管理员通过终端 PC 机连入 HJ1 交换机管理 IP 所在的网段或者通过路由就能对 HJ1 交换机进行 Telnet 登录了。远程 Telnet 登录结果如图 2 - 6 所示。

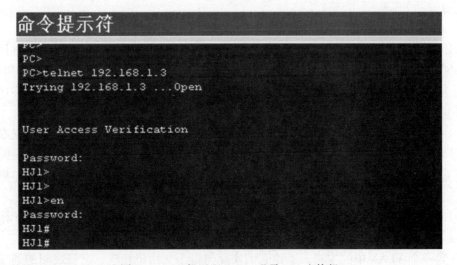

图 2 - 6 PC 机远程 Telnet 登录 HJ1 交换机

3 虚拟局域网

3.1 VLAN 基础知识

3.1.1 VLAN 的产生背景

在交换机以太网出现后，同一台交换机的不同端口处于不同的冲突域，交换机以太网的效率显著提高。但是由于交换机的所有端口都处于一个广播域内，导致一台主机发出的广播帧，局域网中的其他主机都可以收到，当网络上的主机数量越来越大时，大量的广播帧会带来带宽的浪费，大大降低了网络的效率。

VLAN 技术实现了在交换机进行广播域的划分，并解决了利用路由器划分广播域时所存在的诸如成本高及受物理位置限制等问题。

3.1.2 VLAN 的定义和用途

VLAN 提供了一种可以将 LAN 分割成多个广播域的机制。VLAN 是不被物理网络分段或者传统的 LAN 限制的一组网络服务，它可以根据企业组织结构的需要，按照功能、部门、项目团队等将交换网络逻辑地分段而不管网络中用户的物理位置，所有在同一个 VLAN 里的主机都可以共享资源。

VLAN 技术可以将整个交换网络划分为多个广播域。每一个 VLAN 都是建立在一台或多台交换机上的一个广播域，被分配在同一个 VLAN 里的主机通过交换机只能和本 VLAN 内的主机通信。如果一个 VLAN 内的主机要同其他 VLAN 内的主机通信，则必须通过一个三层设备或者路由设备才能实现。

VLAN 的划分不受物理位置的限制。不在同一物理位置范围的主机可以属于同一个 VLAN；一个 VLAN 包含的用户可以连接在同一台交换机上，也可以跨越交换机。

在同一个 VLAN 中的主机，不论它们实际与哪个交换机相连，它们之间的通信就好像在独立的交换机上一样。同一个 VLAN 中的广播只有该 VLAN 成员才能收到，而不会传播到其他 VLAN 中。这样可以很好地控制不必要的广播帧的扩散，提高网络内带宽资源的利用率。

通过将企业网络划分为 VLAN 网段，可以强化网络管理和网络安全。VLAN 的划分可以根据网络用户的组织结构进行，形成一个个虚拟的工作组。这样，网络中的工作组可以突破共享网络中地理位置的限制，而完全根据管理功能进行划分。这种基于工作流的分组模式，大大提高了网络的管理功能。

VLAN 的划分按照虚拟局域网的实现方式有两种：静态和动态。

静态实现方式：网络管理员将交换机端口分配给某个 VLAN。这是最常用的配置方法，配置简单安全，易于实现和监视。

动态实现方式：管理员必须先建立一个比较复杂的数据库，例如输入要连接的网络设备的 MAC 地址及相应的 VLAN 号，这样当网络设备连接到交换机端口时，交换机自动把这个网络设备所连接的端口分配给相应的 VLAN。动态 VLAN 的配置可以基于网络设备的 MAC 地址、IP 地址、应用或者所使用的协议。实现动态 VLAN 时必须利用管理软件进行管理。在 Cisco 交换机上可以使用 VLAN 管理策略服务器（VMPS）实现基于 MAC 地址的动态 VLAN 配置，建立 MAC 地址与 VLAN 间的映射表。在基于 IP 地址的动态配置中，交换机通过查阅网络层的地址自动将用户分配给不同的 VLAN。

按照定义 VLAN 成员关系的不同，划分 VLAN 的方法有以下六种：

1. 基于端口划分 VLAN

这是最常应用的一种 VLAN 划分方法，应用也最广泛、最有效，目前绝大多数 VLAN 协议的交换机都提供这种 VLAN 划分方法。这种划分 VLAN 的方法是根据以太网交换机的交换端口来划分的，它将 VLAN 交换机上的物理端口和 VLAN 交换机内部的 PVC（永久虚电路）端口分成若干个组，每个组构成一个虚拟网，相当于一个独立的 VLAN 交换机。

对于不同部门需要互访时，可通过路由器转发，并配合基于 MAC 地址的端口过滤。在对某站点的访问路径最靠近该站点的交换机、路由交换机或路由器的相应端口上，设定可通过的 MAC 地址集。这样就可以防止非法入侵者从内部盗用 IP 地址从其他可接入点入侵的可能。

从这种划分方法本身我们可以看出，这种划分方法的优点是，定义 VLAN 成员时非常简单，只要将所有的端口都定义为相应的 VLAN 组即可，适合于任何大小的网络。它的缺点是，如果某用户离开了原来的端口，到了一个新的交换机的某个端口，则必须重新定义。

2. 基于 MAC 地址划分 VLAN

这种划分 VLAN 的方法是根据每个主机的 MAC 地址来划分，即对每个 MAC 地址的主机都配置它属于哪个组，实现的机制就是每一块网卡都对应唯一的 MAC 地址，VLAN 交换机跟踪属于 VLAN 的 MAC 地址。这种方式的 VLAN 允许网络用户从一个物理位置移动到另一个物理位置，自动保留其所属 VLAN 的成员身份。

由这种划分机制可以看出，这种 VLAN 的划分方法的最大优点就是当用户物理位置移动时，即从一个交换机换到其他的交换机时，VLAN 不用重新配置，因为它是基于用户，而不是基于交换机的端口。这种方法的缺点是，初始化时所有的用户都必须进行配置。如果有几百个甚至上千个用户的话，配置非常烦琐。所以这种划分方法通常只适用于小型局域网。而且这种划分的方法也导致了交换机执行效率的降低，因为每台交换机的端口都可能存在很多个 VLAN 组成员，保存了许多用户的 MAC 地址，查询起来相当不容易。另外，对于使用笔记本电脑的用户来说，他们的网卡可能经常更换，这样 VLAN 就必须经常配置。

3. 基于网络层协议划分 VLAN

VLAN 按网络层协议划分,可分为 IP、IPX、DECnet、AppleTalk 等虚拟局域网络。这种按网络层协议组成的 VLAN,可使广播域跨越多个 VLAN 交换机。这对于希望针对具体应用和服务来组织用户的网络管理员来说是非常具有吸引力的。而且,用户可以在网络内部自由移动,但其 VLAN 成员身份仍然保留不变。

这种方法的优点是,只使用户的物理位置改变了,也不需要重新配置其所属的VLAN,而且可以根据协议类型来划分 VLAN。这对网络管理者来说很重要。还有,这种方法不需要附加帧标签来识别 VLAN,可以减少网络的通信量。这种方法的缺点是效率低(相对于前面两种方法),因为检查每个数据包的网络层地址是需要消耗处理时间的。一般的交换机芯片都可以自动检查网络上数据包的以太网帧头,但要让芯片检查 IP帧头需要更高的技术,同时也更费时。当然,这与各个厂商的实现方法有关。

4. 根据 IP 组播划分 VLAN

IP 组播实际上也是一种 VLAN 的定义,即认为一个 IP 组播组就是一个 VLAN。这种划分方法将 VLAN 扩大到了广域网,因此这种方法具有更大的灵活性,而且也很容易通过路由器进行扩展,主要适合于不在同一地理范围的局域网用户组成一个 VLAN。不适合局域网,主要是效率不高。

5. 按策略划分 VLAN

基于策略组成的 VLAN 能实现多种分配方法,包括 VLAN 交换机端口、MAC 地址、IP 地址、网络层协议等。网络管理人员可根据自己的管理模式和本单位的需求来决定选择哪种类型的 VLAN。

6. 按用户定义、非用户授权划分 VLAN

基于用户定义、非用户授权来划分 VLAN,是指为了适应特别的 VLAN 网络,根据具体的网络用户的特别要求来定义和设计 VLAN,而且可以让非 VLAN 群体用户访问VLAN。但是需要提供用户密码,在得到 VLAN 管理的认证后才可以加入一个 VLAN。

3.1.3 VLAN 的优越性

任何新技术要得到广泛的支持和应用,肯定要存在一些关键优势。VLAN 技术也一样,它的优势主要体现在以下几个方面:

(1)增加了网络连接的灵活性。借助 VLAN 技术,能将不同地点、不同网络、不同用户组合在一起,形成一个虚拟的网络环境,就像使用本地 LAN 一样方便、灵活、有效。VLAN 可以降低移动或变更工作站地理位置的管理费用,特别是一些业务情况有经常性变动的公司使用了 VLAN 后,这部分管理费用大大降低。

(2)控制网络上的广播。VLAN 可以提供建立防火墙的机制,防止交换网络的过量广播。使用 VLAN 可以将某个交换端口或用户赋予某一个特定的 VLAN 组,该 VLAN 组可以只分配在一个交换机中或跨接多个交换机,在一个 VLAN 中的广播不会送到 VLAN之外。同样,相邻的端口不会收到其他 VLAN 产生的广播。这样可以减少广播流量,释放带宽,减少广播的产生。

(3)增加网络的安全性。因为一个 VLAN 就是一个单独的广播域,VLAN 之间相互隔离,大大提高了网络的利用率,确保了网络的安全保密性。人们在 LAN 上经常传送一些保密的、关键性的数据。保密的数据应提供访问控制等安全手段。一个有效和容易实现的方法是将网络分段,分成几个不同的广播组,网络管理员可以限制 VLAN 中用户的数量,禁止未经允许访问 VLAN 中的应用。交换端口可以基于应用类型和访问特权进行分组,被限制的应用程序和资源一般置于安全级更高的 VLAN 中。

3.1.4　VLAN 的基本配置

交换机在未划分 VLAN 时,交换机只有 VLAN 1,且所有端口都处于 VLAN 1 里。用户不能创建删除 VLAN 1。

(1)创建 VLAN:

```
Switch#vlan database   //进入 VLAN 数据库
Switch(vlan)#vlan 10 name vlan10
//创建 VLAN 10 并赋予名字"vlan10". 如果不写 Name 属性, vlan 的名字默认为"vlan0002"
switch(vlan)#vlan 20 name vlan20
Switch(config)#interface fa0/1
Switch(config-if)#switchport access vlan 10   //将端口划入相应 VLAN
```

当需要对几个连续的端口进行设置时,可以用端口范围命令"interface range",如端口 f0/2 到 f0/4 可以写成"interface range f0/2-4"。用 interface range 命令时,这些端口必须是相同类型的,如都是快速以太网端口。

创建 VLAN 也可以直接在全局配置模式下配置,如:

```
Switch(config)#vlan 10
Switch(config-vlan)#name zweivlan
```

(2)查看 VLAN 信息:

```
Switch#show vlan    //查看所有 VLAN 信息
Switch#show vlan id 10   //查看 vlan 10 的信息
```

(3)删除 VLAN:

```
Switch#vlan database
Switch(vlan)#no vlan 2   //删除 2 号 VLAN
```

删除 VLAN 2 后,所有分配给 VLAN 2 的端口都处于非活动状态,直到将它分配给别的 VLAN 为止。

(4)将某个端口从 VLAN 中删除:

```
Switch(config)#interface  f0/3
Switch(config-if)#no switchport access vlan 2
//进入接口模式,将该接口从 vlan 2 移除。从 vlan 2 移除该端口后该端口仍处于活动状态,
//并重新将该端口分配给 VLAN 1.
```

3.2 TRUNK 链路

交换端口有两种模式：Access 和 Trunk。连接终端（如 PC）用 Access 模式，连接设备用 Trunk 模式。把 Access 端口加入到某个 VLAN，那么这个端口就只将这个 VLAN 的数据转发给 PC，PC 发送的数据通过这个端口后会打上这个 VLAN 的 ID，转发到相同的 VLAN。

在处理 VLAN 时，交换机支持两种链路类型：接入链路（Access Link）和中继链路（Trunk Link）。

1. 接入链路

接入链路是指用于连接主机和交换机的链路。该链路只能与单个 VLAN 有关。也就是说，在交换机上，接入端口只能属于某个 VLAN。

对于接入链路，可以将它称为"端口已经配置好的 VLAN"。任何连接到接入链路的主机并不知道自己属于哪个 VLAN，也就不需要知道 VLAN 的存在。主机发出的报文都是不带 VLAN 标记的，交换机接收到这样的报文之后，根据接收端口的 VLAN 配置信息来判断报文所属的 VLAN 并进行处理。

2. 中继链路

中继链路（Trunk 链路）是两台交换机之间的点对点的链路，也可以是交换机与路由器之间的链路，它能够同时承载多个 VLAN 的通信量。

与接入链路不同，中继链路用于在不同的设备之间（包括交换机之间、交换机与路由器之间）为多个 VLAN 传递数据，因此中继链路不属于任何一个具体的 VLAN，而是属于多个 VLAN。通过配置，中继链路可以承载所有的 VLAN 流量，也可以只传递指定的 VLAN 流量。Trunk 链路示意图如图 3-1 所示。Trunk 链路不能实现不同 VLAN 间通信，VLAN 间通信需要通过三层设备（路由/三层交换机）来实现。

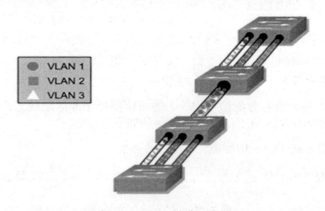

图 3-1 Trunk 链路示意图

3.2.1　Trunk 链路的配置

Trunk 链路的配置在接口模式下进行。在配置 Trunk 链路时，可以手工指定封装协议类型和端口类型，也可以由交换机之间自动协商协议类型和端口类型。动态中继协议（DTP，Dynamic Trunk Protocol）是思科的私有协议。配置了 DTP 的交换机会发送 DTP 协商包，或者对对方发送来的 DTP 包进行响应，协商它们之间的链路是否形成 Trunk，以及采用什么样的 Trunk 封装方式。

1. 配置 Trunk 链路上的封装类型

```
S1(config-if)#switchport trunk encapsulation {isl | dot1q | negotiate}
```

isl：是 Cisco 为自己的交换机建立的一种专用标准。

dot1q（IEEE802.1Q）：是由 IEEE 建立的通用标准，该标准被许多厂商采纳。Cisco 交换机与其他厂商的交换机相连时，需采用该标准。

negotiate：双方协商确定封装类型。

2. 配置 Trunk 接口模式

```
S1(config-if)#switchport mode {trunk | dynamic desirable | dynamic auto}
```

trunk：强制接口成为 Trunk 接口，并且主动诱使对方形成 Trunk 模式。所以，当邻居交换机接口为 trunk、desirable 或 auto 时会成为 Trunk 接口。

dynamic desirable：主动与对方协商成为 Trunk 接口。如果邻居接口模式为 Trunk、desirable 或 auto，则接口将变成 Trunk 接口工作。如果不能形成 Trunk 模式，则工作在 access 模式。这种模式是交换机的默认模式。

dynamic auto：只有邻居交换机主动与自己协商时才会变成 Trunk 接口。所以它是一种被动模式，当邻居接口为 Trunk 或 desirable 时，才会成为 Trunk 模式。如果不能形成 trunk 模式，则工作在 access 模式。

在配置 Trunk 链路时需要注意两点：一是同一链路的两端封装协议要相同；二是 Trunk 链路两端的 Native VLAN 要一致。因为在 Trunk 链路上数据帧会根据 ISL 或者 802.1Q 被重新封装，然而 Native VLAN 的数据在 Trunk 链路上传输是不会被重新封装的。如果链路两端 Native VLAN 不一致，交换机会提示出错。

3. Trunk 链路中添加、删除 VLAN 流量

在配置 Trunk 链路后，Trunk 链路默认可以传送所有 VLAN 流量。如果要允许除 VLAN 2 外的其他所有 VLAN 流量，则需要用到如下命令：

```
S1(config-if)#switchport trunk allowed vlan except 2
```

如果要禁止某个 VLAN 的流量，如禁止 VLAN 2 的流量，则需要如下命令：

```
S1(config-if)#switchport trunk allowed vlan remove 2
```

如果要添加某个 VLAN 的流量，如添加 VLAN 2 的流量，命令为：

```
S1(config-if)#switchport trunk allowed vlan add 2
```

3.3　VTP

1. VTP 的用途

通常情况下，我们需要在整个园区网或者企业网中的一组交换机中保持 VLAN 数据库的同步，以保证所有交换机都能从数据帧中读取相关的 VLAN 信息进行正确的数据转发。然而，对于大型网络来说，可能有成百上千台交换机，而每台交换机上都可能存在几十乃至数百个 VLAN，如果仅凭网络工程师手工配置是一个非常大的工作量，并且也不利于日后维护，因为每次添加、修改或删除 VLAN 都需要在所有的交换机上配置。在这种情况下，引入了 VTP。

2. VTP 的定义

VTP(VLAN Trunking Protocol)是 VLAN 中继协议，也被称为虚拟局域网干道协议。它是思科的私有协议。其作用是，由于大量交换机在企业网中，手工配置 VLAN 工作量大，可以使用 VTP 协议把一台交换机配置成 VTP Server，其余交换机配置成 VTP Client，这样 VTP Client 可以自动学习到 VTP Server 上的 VLAN 信息。

3. VTP 的原理

VTP 是一个 OSI 参考模型第二层通信协议，即数据链路层协议，主要用于管理在同一个域的网络范围内 VLAN 的建立、删除和重命名。在一台 VTP Server 上配置一个新的VLAN 时，该 VLAN 的配置信息将自动传播到本域内的其他所有交换机。这些交换机会自动地接收这些配置信息，使 VLAN 的配置与 VTP Server 保持一致，从而减少管理员在多台设备上手工配置同一个 VLAN 信息的工作量，而且保持了 VLAN 配置的统一性。

VTP 协议使用组播的方式在主干链接(Trunk Link)上向工作域内的交换机传送VLAN 信息。这些信息包括版本号信息以及一些固定参数。在每个升级信息发出时，它的信息版本号都会自动加 1。任何一台交换机在收到这些更新信息后，都会去比较其自身的版本号。如果更新版本号高于自己的当前配置便直接对信息进行升级，反之则将信息丢弃。

VTP 在系统级管理增加、删除、调整 VLAN，自动地将信息向网络中其他的交换机广播。此外，VTP 减小了那些可能导致安全问题的配置，便于管理。只要在 VTP Server做相应设置，VTP Client 会自动学习 VTP Server 上的 VLAN 信息。

4. VTP 的工作模式

VTP 有三种工作模式：服务器模式(Server)、客户机模式(Client)和透明模式(Transparent)。新交换机出厂时的默认配置是 VLAN 1，VTP 模式为服务器。一般，一个VTP 域内的整个网络只设一个 VTP Server。VTP Server 维护该 VTP 域中所有 VLAN 信息列表。VTP Server 可以建立、删除或修改 VLAN，发送并转发相关的通告信息，同步VLAN 配置，把配置保存在 NVRAM 中。VTP Client 虽然也维护所有 VLAN 信息列表，但其 VLAN 的配置信息来自 VTP Server，VTP Client 不能建立、删除或修改 VLAN，但可以转发通告，同步 VLAN 配置，不保存配置到 NVRAM 中。VTP Transparent 相当于一台独立的交换机，它不参与 VTP 工作，不从 VTP Server 学习 VLAN 的配置信息，但会转发 VTP 通告。工作在透明模式的交换机只拥有本设备上自己维护的 VLAN 信息，可以建立、删除和修改本机上的 VLAN 信息并把配置保存到 NVRAM 中。

VTP Server 服务器模式的特点：

①提供 VTP 消息，包括 VLAN ID 和名字信息。

②学习相同域名的 VTP 消息。

③转发相同域名的 VTP 消息。

④可以添加、删除和更改 VLAN，VLAN 信息写入 NVRAM。

VTP Client 客户机模式的特点：

①请求 VTP 消息。

②学习相同域名的 VTP 消息。

③转发相同域名的 VTP 消息。

④不可以添加、删除和更改 VLAN，VLAN 信息不会写入 NVRAM。

VTP Transparent 透明模式的特点：

①不提供 VTP 消息。

②不学习 VTP 消息。

③转发 VTP 消息。

④可以添加、删除和更改 VLAN，只在本地有效，VLAN 信息写入 NVRAM。

当交换机处于 VTP Server 或透明模式时，可使用 CLI、控制台菜单、MIB（使用 SNMP 简单网络管理协议管理工作站）修改 VLAN 配置。

一个配置为 VTP Server 模式的交换机向邻近的交换机广播 VLAN 配置，通过它的 Trunk 从邻近的交换机学习新的 VLAN 配置。在 Server 模式下可以通过 MIB、CLI 或者控制台模式添加、删除和修改 VLAN。

5. VTP 域

要使用 VTP，首先必须建立一个 VTP 管理域。在同一管理域中的交换机共享 VLAN 信息，并且每台交换机只能参加一个管理域，不同域中的交换机不能共享 VLAN 信息。

VTP 域也称为 VLAN 管理域，由一个以上共享 VTP 域名互相连接的交换机组成。也就是说，VTP 域是一组 VTP 域名相同并通过中继链路相互连接的交换机。

下面是 VTP 域的要求：

（1）域内的每台交换机都必须使用相同的域名，不论是通过配置实现，还是由交换自动得到。

（2）Catalyst 交换机必须是相邻的，即相邻的交换机要具有相同的域名。

（3）在所有 Catalyst 交换机之间，必须配置中继链路。

如果上述条件任何一项不满足，则 VTP 域不能联通，信息也就无法跨越分离部分进行传送。

6. VTP 修剪

VTP 修剪（VTP Pruning）可以减少中继端口上不必要的广播信息，减少带宽浪费，提高网络利用率,是 VTP 协议的一个功能。在交换机没有任何端口接入 VLAN 时,如果任何带有 VLAN 标志的数据帧没有必要传送给该交换机,则可以启用 VTP 修剪使该交换机禁止该帧通过。系统默认是禁用 VTP 修剪的,需要时则要手工启动它。启用 VTP 修剪时要注意的是 VTP 域内交换机必须都支持该功能。

VTP 修剪如图 3-2 所示:主机 A 发出广播,广播仅仅泛洪到有端口加入 VLAN 100 的所有交换机中。

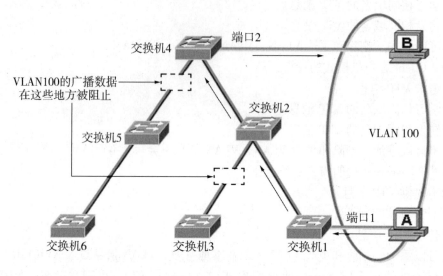

图 3-2　VTP 修剪

VTP 修剪的基本命令有:

```
Switch(config)#vtp pruning        //启用 VTP 修剪功能
Switch(config)#no vtp pruning     //关闭 VTP 修剪功能
Switch(config)#switchport trunk pruning vlan remove vlan-id
//从可修剪列表中去除某 VLAN, vlan-id 为 vlan 号.
Switch(config)#switchport trunk pruning vlan remove 6,8
//当要去除多个 VLAN 时,多个 vlan 号可以用逗号分隔.
Switch#show vtp status    //查看 VTP 的配置
```

7. VTP 配置实例

在图 1-8 中,在交换机 C1、HJ1 和 HJ2 中配置 VLAN100、VLAN110、VLAN200 和 VLAN210 时,需要分别在三台交换机上创建。为了减少配置的工作量,我们可以使用 VTP 域来配置。

交换机 C1 的配置:

```
Switch>
Switch>enable
```

```
Switch#configure terminal
Enter configuration commands, one per line.   End with CNTL/Z.
Switch(config)#hostname C1
C1(config)#vtp domain sise //创建域 sise
Domain name already set to sise.
C1(config)#vtp mode server //配置 C1 的工作模式为 server
Device mode already VTP Server.
C1(config)#vlan 100
C1(config-vlan)#vlan 110
C1(config-vlan)#vlan 200
C1(config-vlan)#vlan 210
C1(config-vlan)#
```

交换机 HJ1 的配置：

```
Switch>
Switch>enable
Switch#configure terminal
Enter configuration commands, one per line. End with CNTL/Z.
Switch(config)#hostname HJ1
HJ1(config)#vtp domain sise
Changing VTP domain name from NULL to sise
HJ1(config)#vtp mode client               //配置 C1 的工作模式为 client
Setting device to VTP CLIENT mode.
HJ1·(config)#interface f0/1
HJ1(config-if)#switchport mode trunk //设置为 Trunk 链路
%LINEPROTO-5-UPDOWN: Line protocol on Interface FastEthernet0/1, changed
state to down
%LINEPROTO-5-UPDOWN: Line protocol on Interface FastEthernet0/1, changed
state to up
HJ1(config-if)#
```

交换机 HJ2 的配置：

```
Switch>
Switch>enable
Switch#configure terminal
Enter configuration commands, one per line.   End with CNTL/Z.
Switch(config)#hostname HJ2
HJ2(config)#vtp domain sise
Changing VTP domain name from NULL to sise
HJ2(config)#vtp mode client
Setting device to VTP CLIENT mode.
```

```
HJ2(config)#interface f0/1
HJ2(config-if)#switchport mode trunk
%LINEPROTO-5-UPDOWN: Line protocol on Interface FastEthernet0/1, changed
state to down
%LINEPROTO-5-UPDOWN: Line protocol on Interface FastEthernet0/1, changed
state to up
HJ2(config-if)#
```

验证：查看交换机 C1 的 VTP 设置，如图 3-3 所示。

```
C1>en
C1#show vtp s
C1#show vtp status
VTP Version                       : 2
Configuration Revision            : 12
Maximum VLANs supported locally   : 1005
Number of existing VLANs          : 9
VTP Operating Mode                : Server
VTP Domain Name                   : sise
VTP Pruning Mode                  : Disabled
VTP V2 Mode                       : Disabled
VTP Traps Generation              : Disabled
MD5 digest                        : 0x23 0x24 0xCE 0x6F 0xA4 0xD3 0x55 0x1D
Configuration last modified by 0.0.0.0 at 3-1-93 00:00:00
Local updater ID is 0.0.0.0 (no valid interface found)
C1#
C1#
```

图 3-3　交换机 C1 的设置

查看交换机 C1 的 VLAN 概况，如图 3-4 所示。

```
C1>enable
C1#show vlan b

VLAN Name                           Status    Ports
---- ------------------------------ --------- -------------------------------
1    default                        active    Fa0/1, Fa0/4, Fa0/5, Fa0/6
                                              Fa0/7, Fa0/8, Fa0/9, Fa0/10
                                              Fa0/11, Fa0/12, Fa0/13, Fa0/14
                                              Fa0/15, Fa0/16, Fa0/17, Fa0/18
                                              Fa0/19, Fa0/20, Fa0/21, Fa0/22
                                              Fa0/23, Fa0/24, Gig0/1, Gig0/2
100  VLAN0100                       active
110  VLAN0110                       active
200  VLAN0200                       active
210  VLAN0210                       active
1002 fddi-default                   active
1003 token-ring-default             active
1004 fddinet-default                active
1005 trnet-default                  active
C1#
```

图 3-4　交换机 C1 的 VLAN 概况

查看交换机 HJ1 的 VTP 设置，如图 3-5 所示。

```
HJ1>
HJ1>enable
HJ1#show vtp status
VTP Version                     : 2
Configuration Revision          : 12
Maximum VLANs supported locally : 255
Number of existing VLANs        : 9
VTP Operating Mode              : Client
VTP Domain Name                 : sise
VTP Pruning Mode                : Disabled
VTP V2 Mode                     : Disabled
VTP Traps Generation            : Disabled
MD5 digest                      : 0x23 0x24 0xCE 0x6F 0xA4 0xD3 0x55 0x1D
Configuration last modified by 0.0.0.0 at 3-1-93 00:00:00
HJ1#
```

图 3-5 交换机 HJ1 的 VTP 设置

查看交换机 HJ1 的 VLAN 概况，如图 3-6 所示。

```
HJ1>
HJ1>enable
HJ1#show vlan brief

VLAN Name                             Status    Ports
---- -------------------------------- --------- -------------------------------
1    default                          active    Fa0/2, Fa0/3, Fa0/4, Fa0/5
                                                Fa0/6, Fa0/7, Fa0/8, Fa0/9
                                                Fa0/10, Fa0/11, Fa0/12, Fa0/13
                                                Fa0/14, Fa0/15, Fa0/16, Fa0/17
                                                Fa0/18, Fa0/19, Fa0/20, Fa0/21
                                                Fa0/22, Fa0/23, Fa0/24

100  VLAN0100                         active
110  VLAN0110                         active
200  VLAN0200                         active
210  VLAN0210                         active
1002 fddi-default                     active
1003 token-ring-default               active
1004 fddinet-default                  active
1005 trnet-default                    active
HJ1#
```

图 3-6 交换机 HJ1 的 VLAN 概况

3.4   VLAN 间路由

3.4.1   VLAN 间路由概述

VLAN 位于一台或者多台交换机内的第二层网络。每个 VLAN 对应一个网段。VLAN 隔离广播域，不同的 VLAN 之间是二层隔离，即不同的 VLAN 内的主机发出的数据帧不能进入另外一个 VLAN。

但是，组建网络的最终目的是要实现网络的互联互通，划分 VLAN 的目的是隔离广播，并非要不同 VLAN 的主机彻底不能相互通信，所以要有相应的解决方案使不同的 VLAN 间能通信。

VLAN 在 OSI 模型的第二层创建网络分段，并隔离数据流。VLAN 内的主机处在相同的广播域中，并且可以自由通信。如果想让主机在不同的 VLAN 之间通信，必须使用第三层网络设备。传统上这是路由器的功能。

如果只有少量的 VLAN，可以使用独立的物理连接将交换机上的每个 VLAN 用路由器连接起来。这种方式的 VLAN 间路由实现对路由器的接口数量要求较高，有多少个 VLAN 就需要路由上有多少个接口，接口与 VLAN 之间要一一对应。显然，如果交换机上 VLAN 数量较多时，路由器的接口数量较难满足要求。

3.4.2 利用子接口实现 VLAN 间路由

为了避免物理端口的浪费，简化连接方式，可以使用 802.1Q 封装和子接口，通过一条物理链路实现 VLAN 间的路由。这通常称为"单臂路由"，因为路由器有一个接口便可完成这种任务。采用单臂路由方式进行 VLAN 路由时，数据帧要在中继链路上往返发送，从而引入了一定的转发延迟。同时，路由器是软件转发 IP 报文的，如果 VLAN 间路由数据量较大，会消耗路由器大量的 CPU 和内存资源，造成转发性能的瓶颈。

路由器可以从某一个 VLAN 接收数据包，并且将这个数据包转发到另一个 VLAN。要实现 VLAN 之间的路由，必须在路由器的一个物理接口上创建子接口，每个子接口对应一个 VLAN。

三层交换机将路由选择和交换功能集成在一台设备中，不需要外部路由器。为实现 VLAN 间路由，三层交换机为每个 VLAN 创建一个被称为交换虚拟接口（SVI，Switch Virtual Interface）的逻辑接口，这个接口像路由接口一样接收和转发 IP 报文。

3.4.3 VLAN 间路由配置实例

1. 基于路由器物理接口的 VLAN 间路由

在图 3 - 7 中，在交换机 Switch0 上配置了两个 VLAN：VLAN 10 和 VLAN 20。VLAN 10 的网络地址是 192.168.10.0/24，VLAN 20 的网络地址是 192.168.20.0/24。PC0 属于 VLAN 10，IP 地址是 192.168.10.1/24。PC1 属于 VLAN 20，IP 地址是 192.168.20.1/24。二层交换机无法实现不同 VLAN 间的互访，需要借助路由器实现互访。路由器的 F0/0 口连接交换机的 F0/3 口，路由器的 F0/1 口连接交换机的 F0/4 口。

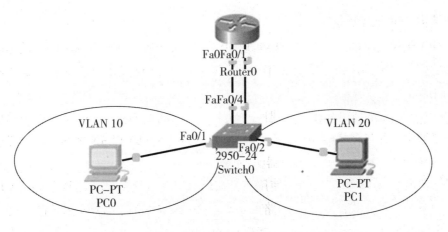

图 3 – 7　基于路由器物理接口的 VLAN 间路由拓扑

两台终端 PC0、PC1 的 IP 地址配置分别如图 3 – 8 和图 3 – 9 所示。

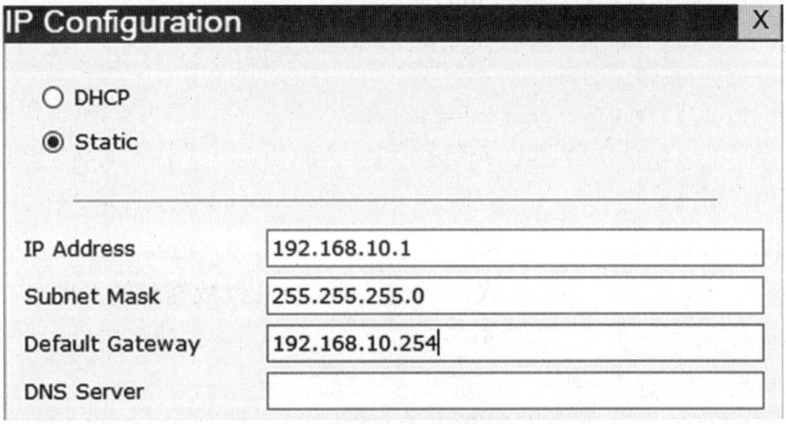

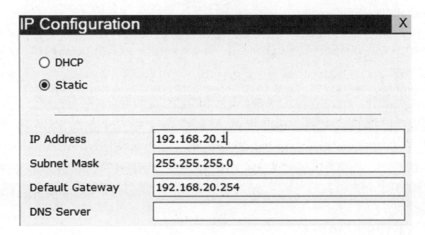

图 3 – 8　PC0 的配置

图 3 – 9　PC1 的配置

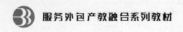

交换机 Switch0 的配置：

```
Switch > enable
Switch#configure terminal
Enter configuration commands, one per line. End with CNTL/Z.
Switch(config)#vlan 10
Switch(config-vlan)#vlan 20
Switch(config-vlan)#exit
Switch(config)#interface f0/1
Switch(config-if)#switchport mode access
Switch(config-if)#switchport access vlan 10
Switch(config-if)#interface f0/2
Switch(config-if)#switchport mode access
Switch(config-if)#switchport access vlan 20
Switch(config-if)#inter f0/3
Switch(config-if)#switchport mode access
Switch(config-if)#switchport access vlan 10
Switch(config-if)#interface f0/4
Switch(config-if)#switchport mode access
Switch(config-if)#switchport access vlan 20
Switch(config-if)#
```

路由器 Router0 的配置：

```
Router >
Router > enable
Router#configure terminal
Enter configuration commands, one per line. End with CNTL/Z.
Router(config)#interface f0/0
Router(config-if)#ip address 192.168.10.254   255.255.255.0
Router(config-if)#no shutdown
%LINK-5-CHANGED: Interface FastEthernet0/0, changed state to up
%LINEPROTO-5-UPDOWN: Line protocol on Interface FastEthernet0/0, changed
state to up
Router(config-if)#interface f0/1
Router(config-if)#ip address 192.168.20.254   255.255.255.0
Router(config-if)#no shutdown
%LINK-5-CHANGED: Interface FastEthernet0/1, changed state to up
%LINEPROTO-5-UPDOWN: Line protocol on Interface FastEthernet0/1, changed
state to up
Router(config-if)#
```

测试结果如图 3-10 所示。

PC0

Physical　Config　Desktop　Software/Services

```
Command Prompt                                              X

PC>ping 192.168.20.254

Pinging 192.168.20.254 with 32 bytes of data:

Reply from 192.168.20.254: bytes=32 time=17ms TTL=255
Reply from 192.168.20.254: bytes=32 time=9ms TTL=255
Reply from 192.168.20.254: bytes=32 time=10ms TTL=255
Reply from 192.168.20.254: bytes=32 time=10ms TTL=255

Ping statistics for 192.168.20.254:
    Packets: Sent = 4, Received = 4, Lost = 0 (0% loss),
Approximate round trip times in milli-seconds:
    Minimum = 9ms, Maximum = 17ms, Average = 11ms

PC>
```

图 3 – 10　PC0 和 PC1 之间的通信测试

2. 基于路由器子接口的 VLAN 间路由(单臂路由)

从前面的配置可以看出,使用路由器的物理接口来连接不同的 VLAN,交换机上配置多少个 VLAN,就需要使用多少个路由器的物理接口。在实际网络中,VLAN 的数量有可能很大,而路由器的接口数量是有限的,同时也浪费了交换机的多个端口,实现难度很大。常见的做法就是用路由器的一个物理接口连接多个不同的 VLAN,如图 3 – 11 所示,我们形象地称之为"单臂路由"。但是,如果 VLAN 的数量太大,单臂路由容易造成网络"瓶颈"和单点失效。

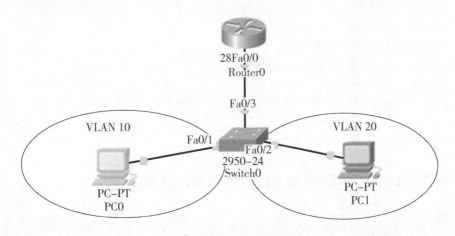

图 3 – 11　单臂路由拓扑实例

交换机 Switch0 的配置步骤：

```
Switch >
Switch > enable
Switch#configure terminal
Enter configuration commands, one per line.   End with CNTL/Z.
Switch(config)#hostname S1
S1(config)#vlan 10    //创建 VLAN 10
S1(config - vlan)#vlan 20
S1(config - vlan)#exit
S1(config)#interface f0/1
S1(config - if)#switchport mode access
S1(config - if)#switchport access vlan 10    //将端口 f0/1 划分到 VLAN 10
S1(config - if)#interface f0/2
S1(config - if)#switchport mode access
S1(config - if)#switchport access vlan 20
S1(config - if)#interface f0/3
S1(config - if)#switchport mode trunk
//将交换机和路由器之间的链路配置成中继链路
```

路由器 Router0 的配置步骤：

```
R1 > enble
R1# configure terminal
Enter configuration commands, one per line.   End with CNTL/Z.
R1(config)#interface f0/0.1    //创建子口
R1(config - subif)#encapsulation dot1Q  10
//封装 802.1Q 协议,数字 10 对应 VLAN 10
R1(config - subif)#ip address 192.168.10.254   255.255.255.0
R1(config - subif)#interface f0/0.2
R1(config - subif)#encapsulation dot1Q 20
R1(config - subif)#ip address 192.168.20.254   255.255.255.0
R1(config - subif)#exit
R1(config)#inter f0/0     //打开物理接口的同时所有的子口自动打开
R1(config - if)#no shutdown
```

3.5　项目实施：三层交换机实现 VLAN 之间的路由

1. 发包方项目要求

在项目拓扑图 1 – 8 中，每个汇聚交换机所连的 VLAN 是同一栋楼不同楼层或不同部门。同一栋楼各楼层或各部门交流比较频繁，实施项目时要求同一栋楼里的各个

VLAN 能快速互相访问。

2. 接包方项目分析

从拓扑图和发包方要求可以看出，每栋楼一个汇聚交换机。汇聚层的功能除了汇聚流量外，还负责 VLAN 间的路由选择。连接到同一个汇聚交换机的 VLAN 应该都在这个汇聚交换机上完成路由转发，这些 VLAN 之间的访问流量都不应流入骨干网。汇聚交换机一般都是三层交换机。三层交换机具有路由转发功能，而且数据交换速度比纯路由器要快。因此，在汇聚层交换机上能够很快地完成该汇聚层交换机所连 VLAN 之间的数据转发，且不会增加骨干网负担。配置三层交换机的路由转发时，只需让三层交换机作为每个 VLAN 的网关即可(在三层交换机中创建每个 VLAN 的虚拟接口 SVI，每个 SVI 的IP 地址即为相应 VLAN 的网关)。

3. 项目配置实施

汇聚交换机每个接口都连接一个 VLAN，因此首先应该在汇聚交换机上创建 VLAN，或者利用 VTP 获取 VLAN 信息，然后给每个 VLAN 的 SVI 指定一个 IP 地址作为该 VLAN的网关。每个汇聚交换机的配置都类似，我们这里以汇聚交换机 HJ1 为例。

(1) 创建 VLAN：

```
HJ1(vlan)#vlan 100
HJ1(vlan)#vlan 110
HJ1(vlan)#exit
```

(2) 把相应的端口划到 VLAN 中去：

```
HJ1#config terminal
HJ1(config)#interface f0/2    //连接 VLAN 100 的端口
HJ1(config-if)#switchport mode access    //设置端口为 access 模式
HJ1(config-if)#switchport access vlan 100    //设置该端口属于 VLAN 100
HJ1(config-if)#exit
HJ1(config)#interface f0/3    //连接 VLAN 110 的端口
HJ1(config-if)#switchport mode access
HJ1(config-if)#switchport access vlan 110
HJ1(config-if)#end
```

(3) 创建 VLAN 的虚接口，并指定 IP：

```
HJ1(config)#interface vlan 100    //进入 VLAN 100 的虚接口
HJ1(config)#no shutdown    //打开该接口
HJ1(config-if)#ip address 172.16.100.254  255.255.255.0
//分配 IP 地址和子网掩码,此 IP 地址即为 VLAN 100 的网关
HJ1(config)#interface vlan 110
HJ1(config)#no shutdown
HJ1(config-if)#ip address 172.16.110.254  255.255.255.0
//分配 IP 地址和子网掩码,此 IP 地址即为 VLAN 110 的网关
```

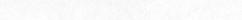
路
由
交
换
技
术
服
务
实
训

（4）开启三层交换机 HJ1 的路由功能：

```
HJ1(config)#ip routing    //默认情况下,三层交换机的路由功能是关闭的
```

以上配置完成后，VLAN 之间就可以通信了。用 VLAN 100 的 PC 机（172.16.100.1）ping VLAN 110 的 PC 机（172.16.110.1），结果应能 ping 通，表示两个 VLAN 之间能够正常通信，如图 3-12 所示。

```
C:\>ipconfig

FastEthernet0 Connection:(default port)

   Link-local IPv6 Address.........: FE80::201:42FF:FED9:300E
   IP Address......................: 172.16.100.1
   Subnet Mask.....................: 255.255.255.0
   Default Gateway.................: 172.16.100.254

C:\>ping 172.16.110.1

Pinging 172.16.110.1 with 32 bytes of data:

Reply from 172.16.110.1: bytes=32 time=1ms TTL=127
Reply from 172.16.110.1: bytes=32 time<1ms TTL=127
Reply from 172.16.110.1: bytes=32 time<1ms TTL=127
Reply from 172.16.110.1: bytes=32 time<1ms TTL=127

Ping statistics for 172.16.110.1:
    Packets: Sent = 4, Received = 4, Lost = 0 (0% loss),
Approximate round trip times in milli-seconds:
    Minimum = 0ms, Maximum = 1ms, Average = 0ms

C:\>tracert 172.16.110.1

Tracing route to 172.16.110.1 over a maximum of 30 hops:

  1   1 ms      0 ms      0 ms    172.16.100.254
  2   0 ms      0 ms      0 ms    172.16.110.1

Trace complete.
```

图 3-12   三层交换机实现 VLAN 间通信

4. 排错时的注意事项

实验失败大多是由以下几种情况造成的：基于端口划分 VLAN 出错；不能通过 VTP 学习到 VLAN；忘记配置 Trunk；PC 机的网关不是 VLAN 虚接口的 IP。可以通过以下命令排错：

```
show vtp status //查看 VTP 域的配置状况
show vlan brief //查看 VLAN 简要状况
show ip interface brief   //查看 SVI 口的配置
show interfaces   <接口编号>  switchport   //查看交换机端口的工作模式配置
```

4 链路聚合

4.1 EtherChannel 基本原理

链路聚合是指将多个物理端口捆绑在一起成为一个逻辑端口，以实现输入输出流量在各成员端口中的负荷分担。交换机根据用户配置的端口负荷分担策略决定报文从哪一个成员端口发送到对端的交换机。当交换机检测到其中一个成员端口的链路发生故障时，就停止在此端口发送报文，并根据负荷分担策略在剩下链路中重新计算报文发送的端口，故障端口恢复后，则重新计算报文发送端口；链路聚合在增加链路带宽、实现链路传输弹性和冗余等方面是一项很重要的技术。

如果聚合的每个链路都遵循不同的物理路径，则聚合链路也提供冗余和容错。通过聚合调制解调器链路或者数字线路，链路聚合可用于改善对公共网络的访问。链路聚合也可用于企业网络，以便在吉比特以太网交换机之间构建多吉比特的主干链路。

链路聚合后逻辑链路的带宽增加了大约 $n-1$ 倍。这里，n 为聚合的路数。另外，聚合后，可靠性大大提高。因为 n 条链路中只要有一条可以正常工作，则这个链路就可以工作。除此之外，链路聚合可以实现负载均衡，因为通过链路聚合连接在一起的两个或多个交换机或其他网络设备，通过内部控制也可以合理地将数据分配到被聚合连接的设备上，实现负载分担。

链路聚合有以下优点：

（1）增加网络带宽。链路聚合将多个链路捆绑成一个逻辑链路，捆绑后的链路带宽是每个独立链路带宽的总和。

（2）提高网络连接的可靠性。链路聚合中的多个链路互为备份，当有链路断开，流量会自动在剩下的链路间重新分配。

如图 4-1 所示，SW1 和 SW2 通过两条链路连接。在未设置链路聚合时，根据生成树协议，SW2 的 Fa0/23 被阻塞（端口状态灯橙色），虽然解决了冗余问题，但是链路带宽被浪费。

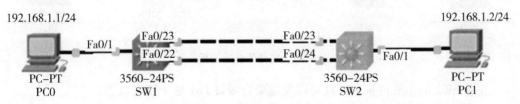

图 4-1 链路聚合前的拓扑

下面对 EtherChannel 进行链路聚合配置：

图 4 - 1 中 SW1 的配置：

```
Switch >
Switch > enable
Switch#conft
Enter configuration commands, one per line.   End with CNTL/Z.
Switch(config)#hostname SW1
SW1(config)#interface range f0/23 - 24
SW1(config - if - range)#switchport mode access
SW1(config - if - range)#switchport mode trunk
SW1(config - if - range)#channel - group 1 mode on
SW1(config - if - range)#
SW1(config - if - range)#end
SW1#
```

SW2 的配置：

```
Switch > enable
Switch#conft
Enter configuration commands, one per line.   End with CNTL/Z.
Switch(config)#hostname SW2
SW2(config)#interface range f0/23 - 24
SW2(config - if - range)#switchport mode access
SW2(config - if - range)#switchport mode trunk
//链路两端的端口模式要一样. 此为 Trunk 模式.
SW2(config - if - range)#
SW2(config - if - range)#channel - group 1 mode on
//链路两端的聚合组要一样. 这里都是编号为 1 的组.
SW2(config - if - range)#
SW2(config - if - range)#end
SW2#
```

配置完链路聚合后如图 4 - 2 所示，端口状态态灯绿色。

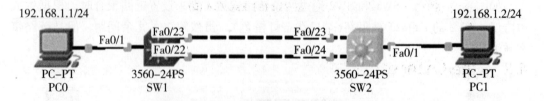

图 4 - 2   链路聚合后的拓扑

查看 SW2 的生成树状态，就可以发现聚合端口 Po1 处于转发状态：

```
SW2#show spanning-tree
VLAN0001
  Spanning tree enabled protocol ieee
  Root ID    Priority    32769
             Address     0001.97CA.2A7B
             Cost        9
             Port        27(Port-channel 1)
             Hello Time  2 sec   Max Age 20 sec   Forward Delay 15 sec

  Bridge ID Priority    32769   (priority 32768 sys-id-ext 1)
             Address     0002.4AA2.316E
             Hello Time  2 sec   Max Age 20 sec   Forward Delay 15 sec
             Aging Time  20


Interface        Role Sts Cost        Prio.Nbr Type
- - - - - - - - - - - - - - - - - - - - - - - - - - - - - - - - - - - - -
Fa0/1            Desg FWD 19          128.1    P2p
Po1              Root FWD 9           128.27   Shr
```

查看聚合端口概况：

```
SW1#show etherchannel summary
Flags:  D-down        P-in port-channel
        I-stand-alone s-suspended
        H-Hot-standby (LACP only)
        R-Layer3      S-Layer2
        U-in use      f-failed to allocate aggregator
        u-unsuitable for bundling
        w-waiting to be aggregated
        d-default port
Number of channel-groups in use: 1
Number of aggregators:          1
Group  Port-channel Protocol    Ports
1      Po1 (SU)        -        Fa0/23 (P) Fa0/24 (D)
```

4.2   EtherChannel 的模式

1. 端口聚集协议

端口聚集协议（PAgP，Port Aggregation Protocol）是 Cisco 的专有协议。PAgP 是一种管理功能，它在链路的任一末端检查参数的一致性，并且有助于保持网络的可用性。

PAgP可以用来自动创建快速EtherChannel链路，在使用PAgP配置EtherChannel链路时，PAgP数据包就会在启用了EtherChannel的端口之间发送，以协商建立这条通道。在PAgP识别出匹配的以太网链路之后，它就会将这些链路放入一个EtherChannel组中，而生成树会将EtherChannel看成是一个单独的桥接端口。

PAgP的工作模式包括以下3种：

（1）Auto。Auto模式被动等待对端发送PAgP请求，本端不主动发送请求。如果两端的模式都是Auto，那么将无法形成EtherChannel。

（2）Desirable。Desirable模式主动向对端发送PAgP请求建立EtherChannel，对端为Auto模式或Desirable都能建立EtherChannel。

（3）On。On模式强制跟对端建立EtherChannel，而不用经过PAgP协商。注意，此模式并不推荐使用。

2. 动态链路聚合控制协议

链路聚合控制协议（LACP，Link Aggregation Control Protocol）是一种实现链路动态汇聚的协议。LACP通过链路聚合控制协议数据单元（LACPDU，Link Aggregation Control Protocol Data Unit）与对端交互信息。

激活某端口的LACP后，该端口将通过发送LACPDU向对端通告自己的系统优先级、系统MAC地址、端口优先级和端口号。对端接收到这些信息后，将这些信息与自己的属性比较，选择能够聚合的端口，从而双方可以对端口加入或退出某个动态聚合组达成一致。

4.3　EtherChannel实现负载均衡

要指定在聚合链路之间分配数据报文的方法，可以使用下述命令：

```
Switch(config)#port-channel load balance method
```

其中method变量的取值如下：

dst-mac。根据输入报文的源MAC地址进行流量分配。在端口通道的各条链路中，目的MAC地址相同的报文被送到相同的成员链路，目的MAC地址不同的报文被分配到不同的成员链路。

src-mac。根据输入报文的源MAC地址进行流量分配。在端口通道的各条链路中，来自不同MAC地址的报文被分配到不同的成员链路，来自相同MAC地址的报文使用相同的成员链路。

src-dst-mac。根据输入报文的源MAC地址和目的MAC地址进行流量分配。不同的源MAC/目的MAC对的报文通过不同的成员链路转发，同一源MAC/目的MAC对的报文通过相同的成员链路转发。

dst-ip。根据输入报文的目的IP地址进行流量分配。在端口通道的各条链路中，目的IP地址相同的报文被送到相同的成员链路，目的IP地址不同的报文被分配到不同的成员链路。

　　src - dst。根据输入报文的源 IP 地址进行流量分配。在端口通道的各条链路中，来自不同 IP 地址的报文被分配到不同的成员链路，来自相同 IP 地址的报文使用相同的成员链路。

　　src - dst - ip。根据输入报文的源 IP 地址和目的 IP 地址进行流量分配。不同源 IP/目的 IP 对的报文通过不同的成员链路转发，同一源 IP/目的 IP 对的报文通过相同的成员链路转发。

4.4　项目实施：EtherChannel 的配置

　　1. 发包方项目要求

　　在项目拓扑图 1 - 8 中，两台核心交换机之间有大量数据需要交换，希望能够增加两台核心交换机之间的传输带宽；而且在两台核心交换机之间还要防止链路故障，保证数据稳定、高速转发。

　　2. 接包方项目分析

　　从拓扑图和发包方要求可以看出，两台核心交换机之间可以通过多条链路连接，这样就实现了冗余设计。为了充分利用链路带宽，可以把这多条链路进行聚合增加带宽，这样既实现了冗余设计，又增加了带宽，同时还可以利用聚合链路实现负载均衡策略，把流量平衡分布到两台交换机连接的物理链路上。

　　3. 项目配置实施

　　核心交换机 C1 的配置：

```
C1#configure terminal
C1(config)#interface port - channel 1    //建立聚合链路,编号为1.
C1(config - if)#switchport mode trunk    //设置聚合端口为 Trunk 链路
C1(config - if)#exit
C1(config)#interface range f0/1 - 2
C1(config - if - range)#channel - protocol lacp
C1(config - if - range)#channel - group 1 mode active
C1(config - if - range)#exit
C1(config)#port - channel load - balance src - dst - mac
//根据输入报文的源 MAC 地址和目的 MAC 地址进行流量分配
C1(config)#
```

　　核心交换机 C2 的配置：

```
C2#configure terminal
C2(config)#interface port - channel 1
C2(config - if)#switchport mode trunk
C2(config - if)#exit
```

```
C2(config)#interface range f0/1-2
C2(config-if-range)#channel-protocol lacp
C2(config-if-range)#channel-group 1 mode passive
C2(config-if-range)#exit
C2(config)#port-channel load-balance src-dst-mac
C2(config)#
```

4. 排错时的注意事项

首先，使用命令 show etherchannel summary 查看链路聚合的状态。这将显示端口通道的每个端口以及指出端口状态的标记。

端口-通道的状态是整个端口通道逻辑接口的状态。如果通道正常，就为"SU"。还可以检查通道中的每个接口的状态。端口-通道中的活动端口都有标记"P"。若一个端口的标记显示"D"，则说明它没有连接上或处于 down 状态。如果端口连接上了，但没有捆绑到通道中，将用"I"来标记，表示它是独立的。

其次，可以使用命令 show etherchannel port 查看通道的协商模式。

最后，通过使用命令 show etherchannel load-balance 来查看端口通道的流量负载均衡方法。注意，在端口-通道两端的交换机上可以使用不同的负载均衡方法。

5 生成树

5.1 生成树协议概述

为了确保网络的安全性，对网络中的关键设备和链路要进行冗余备份，如双核心交换机、核心交换机与汇聚层交换机之间的备份链路等。但冗余设备和备份链路容易造成环路，引起广播风暴、单帧多次递交、MAC 地址表不稳定等诸多问题。

为了解决冗余链路引起的问题，IEEE 通过了 IEEE 802.1D 协议，即生成树协议（STP，Spanning – Tree Protocol）。生成树协议通过生成树算法形成一个逻辑上没有环路的网络，当主要链路出现故障时，自动切换到备份链路，以保证网络正常通信。生成树协议通过软件修改网络物理拓扑结构，构建一个无环路的逻辑转发拓扑结构，提高网络的稳定性和减少网络故障的发生率。

生成树协议同其他协议一样，随着网络的不断发展而不断更新换代。生成树协议的发展过程分为三代：

第一代：STP/RSTP。

第二代：基于 VLAN 的 PVST/PVST + 。

第三代：多实例化的生成树协议 MISTP/MSTP 。

Cisco 在 802.1d 的基础上增加了几个私有的增强协议：Portfast、Uplinkfast 和 Backbonefast，其目的都在于加快 STP 的收敛速度。

Portfast 特性是指连接工作站或服务器端口无须经过监听和学习状态，直接从阻塞状态进入转发状态，从而节约了 30s 的转发延迟时间。

Uplinkfast 用在接入层、有阻断端口的交换机上。当主干交换机上的主链路有故障时能立即切换到备份链路上，而不需要浪费 30 ~ 50s 的转发延迟时间。

Backbonefast 用在主干交换机之间，并要求所有交换机都启动它。当主干交换机之间的链路发生故障时，用 20s 就能切换到备份链路。

5.2 STP 中的基本术语

1. 网桥 ID

网桥 ID（Bridge ID，BID）用于标识网络中的每一台交换机（由于历史原因，网桥这种叫法一直被延续下来）。它由优先级和 MAC 地址构成。优先级值从 0 到 65535，默认值为中间值 32768。优先级值越小，优先级越高。

2. 根网桥

运行 STP 的众多交换机在逻辑上最后会形成一个树状的无环拓扑结构，网桥 ID 最小的交换机成为树状拓扑的根，称为根网桥。根网桥的所有端口都不会阻塞并处于转发数据状态。

3. 开销

此处开销(Cost)是基于带宽的一个值。所有非根网桥都要计算到根网桥的路径累计开销，即计算到根网桥的最短路径。各个带宽的开销值如表 5 - 1 所示。

表 5 - 1　带宽与开销对应关系

带宽	IEEE 修订后的开销	IEEE 修订之前定义的开销
10Gbps	2	1
1Gbps	4	1
100Mbps	19	10
10Mbps	100	100

4. 指定网桥

对交换机连接的每一个网络分段，都要选出一个到根网桥累计路径开销最小的网桥，这个网桥称为指定网桥。由指定网桥收发本网络分段的数据包。

5. 根端口

整个网络中只有一个根网桥，其他的网桥为非根网桥。在非根网桥上，要选择一个从该网桥(交换机)到根网桥累计路径开销最小的端口，这个端口称为根端口。交换机通过根端口与根网桥通信。

6. 指定端口

每个非根网桥为每个连接的网络分段选出一个指定端口。网络分段的指定端口指该网段到根网桥累计路径开销最小的端口。根网桥上的所有端口都是指定端口，而非根端口。

7. 非指定端口

除了根端口和指定端口之外的其他端口都是非指定端口。非指定端口处于阻塞状态，不转发用户数据。

8. 端口 ID

端口 ID 是生成树算法的第三个参数，也决定到根交换机的路径。端口 ID 有 16 位，它是由 8 位端口优先级和 8 位端口编号组成的。其中端口优先级的取值范围是 0 ~ 255，缺省值是 128。

9. 网桥协议数据单元

生成树协议定义了一个数据包，叫作桥协议数据单元 BPDU。网桥用 BPDU 来相互通信，并用 BPDU 的相关机能来动态选择根桥和备份桥。因为从根桥到任何网络分段只有一个路径存在，所以桥回路被消除。

在 STP 的工作过程中，交换机之间通过交换网桥协议数据单元 BPDU 来了解彼此的存在。STP 算法利用 BPDU 中的信息来消除冗余链路。BPDU 具有两种格式：一种是配置 BPDU，从指定端口发送到相应的交换机；另一种是拓扑结构改变通知 BPDU，是由任意交换机在发现拓扑改变或者被通知有拓扑改变时，从它的根端口发出的帧，以通知根网桥。当交换机接收到 BPDU 时，利用接收到的信息计算自己的 BPDU，然后再转发。

交换机通过端口发送 BPDU，使用该端口的 MAC 地址作为源地址。交换机并不知道它周围的其他交换机，因此 BPDU 的目标地址是 STP 组播地址 04 – 80 – C2 – 00 – 00 – 00。

BPDU 主要包括了 STP 版本、BPDU 类型、根网桥 ID、路径开销、网络 ID 和端口 ID 等内容。

5.3　STP 算法

STP 要构造一个逻辑无环的拓扑结构，需要比较 BPDU 中携带的 4 个优先级向量：根桥 ID、累计到根路径开销、发送者桥 ID、发送端口 ID。也就是说，只要涉及选举，就从这 4 个优先级向量开始逐个比较，如果第一个向量值相等，就比较下一个，直到最后一个发送端口 ID。

STP 构建无环拓扑结构需要执行以下四个步骤：

①根网桥选举。在树形拓扑结构中，一定是有一个根的。STP 也要确定一个根，即一台交换机作为根交换机（也叫根网桥）。根网桥的作用是作为一棵树形拓扑结构的参考点，以决定在环路中哪个端口应该处于转发状态，哪个端口应该处于阻塞状态。

STP 算法的第一步是确定哪台交换机是根网桥。确定根网桥的算法，是比较交换机之间的网桥 ID，具有最小网桥 ID 的交换机成为根网桥。由于交换机默认的优先级是 32768，如果不改变的话，所有交换机的优先级都是一样的。这时就比较交换机的 MAC 地址，MAC 地址最小的交换机成为根网桥。如果想要人为地让某台交换机成为根网桥，那么可以改变该交换机的优先级到最小。优先级最小的交换机成为根网桥。

②选举根端口。每台非根交换机都有一个端口成为根端口。根端口是该交换机到达根网桥路径开销最小的端口。如果一台非根交换机到达根网桥的多条路径开销相同，则比较从不同的根路径所收到 BPDU 的发送网桥 ID，哪个端口收到的 BPDU 发送网桥 ID 最小，则哪个端口就为根端口；如果发送网桥 ID 也相同，则比较这些 BPDU 中端口 ID，哪个端口收到的 BPDU 中端口 ID 最小，则哪个端口就为根端口。

③选举指定端口。桥接网络中的每个网段都必须有一个指定端口。指定端口就是连接在某个网段上的一个桥接端口，该端口到根网桥开销最小，通过该网段既向根网桥发

送报文，也从根网桥接收报文。若多个端口到根网桥的开销相同，则进行指定端口选举。指定端口的选举算法与根端口的选举过程一样。

根网桥上的每个活动端口都是指定端口，因为它的每个端口到根网桥的开销都是 0。

④阻塞非根端口、非指定端口。在网桥已经确定了根端口、指定端口之后，STP 就开始创建一个无环的拓扑。为创建一个无环拓扑，STP 配置根端口和指定端口转发流量，然后阻塞非根和非指定端口，形成逻辑上无环路的拓扑结构。

5.4　STP 的端口状态

当运行 STP 的交换机启动后，其所有的端口都要经过一定的端口状态变化过程。在这个过程中，STP 要通过交换机间互相传递 BPDU 决定网桥的角色（根网桥、非根网桥）、端口的角色（根端口、指定端口、非指定端口）以及端口的状态。

STP 的端口可能处于阻塞、监听、学习和转发四种状态之一，如图 5-1 所示。

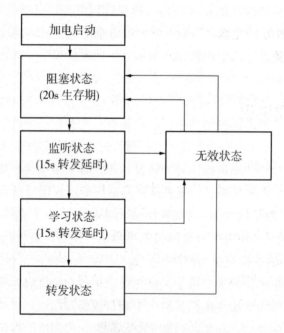

图 5-1　生成树端口状态的转换过程

阻塞状态并不是关闭端口，而是逻辑上使端口处于不收发数据帧的状态。但是，BPDU 即使是阻塞状态的端口也是允许通过的。交换机依靠 BPDU 互相学习信息，阻塞端口必须允许这种数据帧通过。可以看出，阻塞端口实际上还是激活的。

当网络中的交换机刚刚启动的时候，所有端口都处于阻塞状态。这种状态要维持

20s。这是为了防止在启动过程中产生交换环路。

然后端口会由阻塞状态变为监听状态，交换机开始互相学习 BPDU 里的信息。这个状态要维持 15s，以便交换机可以学习到网络里所有其他交换机的信息。在这个状态下，交换机不能转发数据帧，不能进行 MAC 地址与端口的映射，也不能进行 MAC 地址的学习。

接着端口进入学习状态。在这个状态下，交换机对学习到其他交换机的信息进行处理，开始计算 STP。在这个状态下，交换机开始学习 MAC 地址，进行 MAC 地址与端口的映射，但是还不能转发数据帧。这个状态也要维持 15s，以便网络中所有交换机都可以计算完毕。

当学习状态结束时，交换机已经完成了 STP 的计算，所有应该进入转发状态的端口都转为转发状态，应该进入阻塞状态的端口都进入阻塞状态，网络达到收敛状态，交换机开始正常工作。STP 的 BPDU 仍然会定时(默认每隔 2s)从各个交换机的指定端口发出，以维护链路的状态。

综上所述，我们可以看出，阻塞状态和转发状态是 STP 的一般状态，监听状态和学习状态是 STP 的过渡状态。并且，STP 的总延时在 50s 左右。当网络出现故障时，发现该故障的交换机会向根交换机发送 BPDU，根交换机会向其他交换机发出 BPDU 通告该故障，所有收到该 BPDU 的交换机会把自己的端口全部设置为阻塞状态，然后重复上面叙述的过程，直到收敛。

5.5 快速生成树协议

快速生成树协议 RSTP(Rapid Spanning Tree Protocol)由生成树协议 STP 发展而成。这种协议在网络结构发生变化时，能更快地收敛。RSTP 根据端口在活动拓扑中的作用，定义了 5 种端口角色(STP 只定义了 3 种端口角色)：禁用端口(Disabled Port)、根端口(Root Port)、指定端口(Designated Port)、为支持 RSTP 的快速特性而规定的替代端口(Alternate Port)和备份端口(Backup Port)。

RSTP 只有三种端口状态：丢弃(Discarding)、学习(Learning)和转发(Forwarding)。STP 中的禁用、阻塞和监听状态就对应了 RSTP 的丢弃状态。

RSTP 是从 STP 发展过来的，其实现的基本思想一致，但它更进一步地处理了网络临时失去联通性的问题。RSTP 规定，在某些情况下，处于丢弃状态的端口不必像 STP 协议中处于 Blocking 状态的端口一样必须经历 2 倍的 Forward Delay 时间才可以进入转发状态。如网络边缘端口(即直接与终端相连的端口)，可以直接进入转发状态，不需要任何时延。或者是网桥旧的根端口已经进入 Blocking 状态，并且新的根端口所连接的对端网桥的指定端口仍处于转发状态，那么新的根端口可以立即进入转发状态。

5.6 PVST

　　PVST(Per – VLAN Spanning Tree)是 Cisco 公司解决在虚拟局域网上处理生成树的特有解决方案。PVST 为每个 VLAN 运行单独的生成树实例,一般情况下 PVST 要求在交换机之间的中继链路上运行 Cisco 的 ISL。

　　推出 PVST 后不久,Cisco 很快又推出了经过改进的 PVST + 协议,并使之成为交换机产品的默认生成树协议。经过改进的 PVST + 协议在 VLAN 1 上运行的是普通 STP 协议;在其他 VLAN 上运行 PVST 协议。PVST + 协议可以与 STP/RSTP 互通,在 VLAN 1 上生成树状态按照 STP 协议计算;在其他 VLAN 上,普通交换机只会把 PVST BPDU 当作多播报文按照 VLAN 号进行转发。但这并不影响环路的消除,只是 VLAN 1 和其他 VLAN 的根桥状态有可能不一致。

　　在每个 VLAN 中都有一棵生成树。可以在不同的 VLAN 中修改交换机的优先级,让一个 VLAN 中被阻塞的端口在另一个 VLAN 中处于转发状态,这样就可以实现负载均衡,提高网络转发效率。

　　如图 5 – 2 所示,在只有一个 VLAN 1 的情况下,S1 是根网桥,S3 的 f 0/2 口被阻塞。

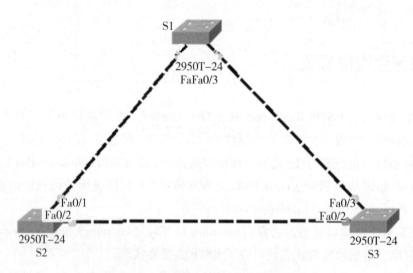

图 5 – 2　只有 VLAN 1 的生成树拓扑

　　S1 和 S3 交换机的生成树信息如图 5 – 3 所示。

```
S1#show spanning-tree
VLAN0001
  Spanning tree enabled protocol ieee
  Root ID    Priority    32769
             Address     0005.5E82.ED77
             This bridge is the root
             Hello Time  2 sec  Max Age 20 sec  Forward Delay 15 sec

  Bridge ID  Priority    32769   (priority 32768 sys-id-ext 1)
             Address     0005.5E82.ED77
             Hello Time  2 sec  Max Age 20 sec  Forward Delay 15 sec
             Aging Time  20

Interface         Role Sts Cost      Prio.Nbr Type
----------------  ---- --- --------- -------- --------------------------
Fa0/3             Desg FWD 19        128.3    P2p
Fa0/1             Desg FWD 19        128.1    P2p
```

(a) S1交换机的生成树状态

```
S3#show spanning-tree
VLAN0001
  Spanning tree enabled protocol ieee
  Root ID    Priority    32769
             Address     0005.5E82.ED77
             Cost        19
             Port        3(FastEthernet0/3)
             Hello Time  2 sec  Max Age 20 sec  Forward Delay 15 sec

  Bridge ID  Priority    32769   (priority 32768 sys-id-ext 1)
             Address     0007.EC4C.1480
             Hello Time  2 sec  Max Age 20 sec  Forward Delay 15 sec
             Aging Time  20

Interface         Role Sts Cost      Prio.Nbr Type
----------------  ---- --- --------- -------- --------------------------
Fa0/3             Root FWD 19        128.3    P2p
Fa0/2             Altn BLK 19        128.2    P2p
```

(b) S3交换机的生成树信息

图 5 – 3   S1、S3 交换机的生成树信息

我们分别在三台交换机上创建 VLAN 2，把三台交换机之间的链路配置成 Trunk，修改 S3 的优先级让其成为根网桥，原来被阻塞的端口 f0/2 在 VLAN 2 中处于转发状态，如图 5 – 4 所示。

```
S1#conf t
Enter configuration commands, one per line.   End with CNTL/Z.
S1(config)#vlan 2
S1(config-vlan)#exit
S1(config)#interface f0/1
S1(config-if)#switchport mode trunk
S1(config-if)#interface f0/3
S1(config-if)#switchport mode trunk
```

```
S3#conf t
Enter configuration commands, one per line.   End with CNTL/Z.
S3(config)#vlan 2
S3(config-vlan)#exit
S3(config)#interface f0/2
S3(config-if)#switchport mode trunk
S3(config-if)#exit
S3(config)#spanning-tree vlan 2 priority 4096   //修改 S3 在 VLAN2 中的优先级
S3(config)#
```

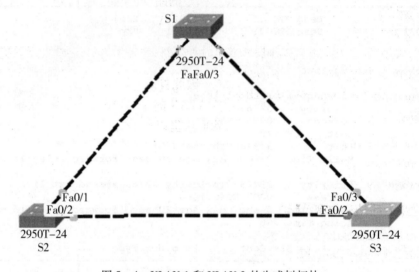

图 5-4　VLAN 1 和 VLAN 2 的生成树拓扑

S3 交换机的生成树信息如图 5-5 所示。可以看出，S3 交换机中 VLAN 1 和 VLAN 2 的根桥（ROOT ID）是不一样的。

PVST/PVST + 存在以下缺陷：

（1）由于每个 VLAN 都需要生成一棵树，PVST BPDU 的通信量将与 Trunk 的 VLAN 个数成正比。

（2）在 VLAN 个数比较多的时候，维护多棵生成树的计算量和资源占用量将急剧增长。特别是当 Trunk 了很多 VLAN 的接口状态变化的时候，所有生成树的状态都要重新计算，CPU 将不堪重负。所以，Cisco 交换机限制了 VLAN 的使用个数，同时不建议在一个端口上 Trunk 很多 VLAN。

（3）由于协议的私有性，PVST/PVST + 不能像 STP/RSTP 一样得到广泛的支持，不同厂家的设备在这种模式下并不能直接互通。

```
S3#show spanning-tree
VLAN0001
  Spanning tree enabled protocol ieee
  Root ID    Priority    32769
             Address     0005.5E82.ED77
             Cost        19
             Port        3(FastEthernet0/3)
             Hello Time  2 sec  Max Age 20 sec  Forward Delay 15 sec

  Bridge ID  Priority    32769  (priority 32768 sys-id-ext 1)
             Address     0007.EC4C.1480
             Hello Time  2 sec  Max Age 20 sec  Forward Delay 15 sec
             Aging Time  20

Interface        Role Sts Cost      Prio.Nbr Type
---------------- ---- --- --------- -------- ------------------------
Fa0/3            Root FWD 19        128.3    P2p
Fa0/2            Altn BLK 19        128.2    P2p
```

(a) S3在VLAN1中的生成树信息

```
VLAN0002
  Spanning tree enabled protocol ieee
  Root ID    Priority    4098
             Address     0007.EC4C.1480
             This bridge is the root
             Hello Time  2 sec  Max Age 20 sec  Forward Delay 15 sec

  Bridge ID  Priority    4098   (priority 4096 sys-id-ext 2)
             Address     0007.EC4C.1480
             Hello Time  2 sec  Max Age 20 sec  Forward Delay 15 sec
             Aging Time  20

Interface        Role Sts Cost      Prio.Nbr Type
---------------- ---- --- --------- -------- ------------------------
Fa0/3            Desg FWD 19        128.3    P2p
Fa0/2            Desg FWD 19        128.2    P2p

S3#
```

(b) S3在VLAN2中的生成树信息

图 5-5 S3 交换机的生成树信息

5.7 生成树的基本配置

1. 启用和关闭 STP
关闭指定 VLAN 中的生成树：

```
Switch(config)#no spanning-tree vlan vlan-number
```

开启指定 VLAN 中的生成树：

```
Switch (config)# spanning-tree vlan-number
```

2. 启用 PVST 或者 RSTP

```
Switch (config)#spanning-tree mode [pvst/rapid-pvst/mst]
```

参数解释：

pvst：Per – Vlan spanning tree mode。

rapid – pvst：Per – Vlan rapid spanning tree mode。

mst：Multiple spanning tree mode。

3. 配置交换机的优先级

```
Switch (config)#spanning - tree vlan vlan - number priority num
```

修改交换机的优先级。Num 为优先级的值，取值范围为 0 ～ 61440，优先级需为 4096 的倍数。

4. 配置交换机端口的路径成本

```
Switch (config - if)#spanning - tree cost num
```

Num 是开销值，取值范围为 0 ～ 200000000。

5. 调整端口优先级

```
Switch (config - if)#spanning - tree  port - priority num
```

Num 为优先级值，取值范围为 0 ～ 192。优先级需为 64 的倍数。

6. 查看生成树的配置

```
Switch #show spanning - tree
```

5.8　MSTP 概述

多生成树协议(MSTP，Multiple Spanning Tree Protocol)是 IEEE 802. 1S 中定义的一种新型多实例化生成树协议。

MSTP 定义了"实例"的概念。一个实例就是一个生成树进程，是多个 VLAN 的集合，即一个实例可以对应多个 VLAN。在同一网络中，有很多实例就有很多生成树进程。利用中继技术(Trunks)可建立多个生成树，每个生成树进程具有独立于其他进程的拓扑结构，从而提供了多个数据转发的路径和负载均衡，提高了网络的容错能力。

将环路网络修剪成一个无环的树形网络，避免报文在环路网络中的增生和无限循环，同时还提供了数据转发的多个冗余路径，在数据转发过程中实现 VLAN 数据的负载均衡。MSTP 兼容 STP 和 RSTP，并且可以弥补 STP 和 RSTP 的缺陷。它既可以快速收敛，也能使不同 VLAN 的流量沿各自的路径分发，从而为冗余链路提供了更好的负载分担机制。

多生成树协议 MSTP 的特点：

(1)MSTP 通过设置 VLAN 映射表(即 VLAN 和生成树的对应关系表)把 VLAN 和生成树联系起来；通过增加"实例"(将多个 VLAN 整合到一个集合中)这个概念，将多个 VLAN 捆绑到一个实例中，以节省通信开销和资源占用率。

（2）MSTP 把一个交换网络划分成多个域，每个域内形成多棵生成树，生成树之间彼此独立。

（3）MSTP 将环路网络修剪成一个无环的树形网络，避免报文在环路网络中的增生和无限循环，同时还提供了数据转发的多个冗余路径，在数据转发过程中实现 VLAN 数据的负载均衡。

（4）MSTP 兼容 STP 和 RSTP。

5.9 项目实施：MSTP 的配置

1. 发包方项目要求

在项目拓扑图 1-8 中，两台核心交换机和汇聚层交换机之间存在通过交换链路互联，这样可以实现冗余设计和避免单点失效。但是交换环路将导致网络广播风暴、多帧复制和 MAC 地址表不稳定等隐患。要求保证冗余设计的同时不出现交换环路。

2. 接包方项目分析

从拓扑图和发包方要求可以看出，两台核心交换机之间和汇聚层交换机之间实现了冗余设计，但是也存在交换环路。为了解决这个问题，可以使用生成树协议。为了提高线路的利用率以及更好地分担网络负载，可以采用 MSTP，VLAN 100 的根桥可以是 C1 交换机，VLAN 110 的根桥可以是 C2 交换机。

3. 项目配置实施

在 4.4 节的基础上，我们以交换机 C1、C2 和 HJ1 为例子来实施 MSTP。项目拓扑图 1-8 的局部拓扑图如图 5-6 所示。

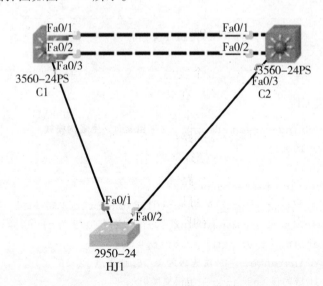

图 5-6 项目拓扑图 1-8 的局部拓扑

各个设备的具体配置如下：

①HJ1 的配置：

```
HJ1 (config)#spanning - tree mode mst      //配置生成树模式为 MSTP
HJ1 (config)#vlan 100      //创建 Vlan 100
HJ1 (config)#vlan 110      //创建 Vlan 110
HJ1 (config)#interface fastethernet 0/1
HJ1 (config - if)#switchport trunk encapsulation dot1q //端口封装 802.1q 协议
HJ1 (config - if)#switchport mode trunk      //定义 f0/1 为 trunk 端口
HJ1 (config)#spanning - tree mst configuration      // 进入 MSTP 配置模式
HJ1 (config)#interface fastethernet 0/2
HJ1 (config - if)#switchport trunk encapsulation dot1q //端口封装 802.1q 协议
HJ1 (config - if)#switchport mode trunk      //定义 f0/2 为 trunk 端口
HJ1 (config)#spanning - tree mst configuration      // 进入 MSTP 配置模式
HJ1 (config - mst)#instance 1 vlan 100      //配置实例并关联 Vlan 100
HJ1 (config - mst)#instance 2 vlan 110      //配置实例 2 并关联 Vlan 110
HJ1 (config - mst)#name region1      //配置域名称
HJ1 (config - mst)#revision 1      //配置版本(修订号)
```

②验证 MSTP 配置：

```
HJ1#show spanning - tree mst configuration      //显示 MSTP 全局配置
Multi spanning tree protocol : Enabled
Name      : region1
Revision : 1
Instance   Vlans Mapped
- - - - - - - -  - - - - - - - - - - - - - - - - - - - - - - - - - - -
0                1 - 99,101 -109,111 - 4094
1                100
2                110
```

③配置交换机 C1：

```
C1 (config)#spanning - tree mode mst   //采用 MSTP 生成树模式
C1 (config)#vlan 100
C1 (config)#vlan 110
C1 (config)#interface fastethernet 0/3
C1 (config - if)#switchport trunk encapsulation dot1q //端口封装 802.1q 协议
C1 (config - if)#switchport mode trunk      //定义 f0/3 为 trunk 端口
C1 (config)#spanning - tree mst 1 priority 4096
//配置交换机 C1 在 instance 1 中的优先级为 4096,缺省是 32768
//值越小越优先,C1 成为该 instance 中的根交换机
C1 (config)#spanning - tree mst configuration      // 进入 MSTP 配置模式
```

```
C1 (config-mst)#instance 1 vlan 100      //配置实例 1 并关联 Vlan 100
C1 (config-mst)#instance 2 vlan 110      //配置实例 2 并关联 Vlan 110
C1 (config-mst)#name region1             //配置域名为 region1
C1 (config-mst)#revision 1               //配置版本(修订号)
```

④验证 MSTP 配置：

```
C1#show spanning-tree mst configuration
Multi spanning tree protocol : Enabled
Name    : region1
Revision : 1
Instance  Vlans Mapped
- - - - - - - - - - - - - - - - - - - - - - - - - - - - - - - - - - - - - - -
0         1-99,101-109,111-4094
1         100
2         110
```

⑤配置交换机 C2：

```
C2 (config)#spanning-tree mode mst    //采用 MSTP 生成树模式
C2 (config)#vlan 100
C2 (config)#vlan 110
C2 (config)#interface fastethernet 0/3
C2 (config-if)#switchport trunk encapsulation dot1q
C2 (config-if)#switchport mode trunk       //定义 f0/3 为 trunk 端口
C2 (config)#spanning-tree mst 2 priority 4096
//配置交换机 C2 在 instance 2(实例 2)中的优先级为 4096,优先成为该 instance 中的
//根交换机
C2 (config)#spanning-tree mst configuration     //进入 MSTP 配置模式
C2 (config-mst)#instance 1 vlan 100      //配置实例 1 并关联 Vlan 100
C2 (config-mst)#instance 2 vlan 110      //配置实例 2 并关联 Vlan 110
C2 (config-mst)#name region1             //配置域名为 region1
C2 (config-mst)#revision 1               //配置版本(修订号)
```

⑥验证 MSTP 配置：

```
C2#show spanning-tree mst configuration
Multi spanning tree protocol : Enabled
Name     : region1
Revision : 1
Instance  Vlans Mapped
- - - - - - - - - - - - - - - - - - - - - - - - - - - - - - - - - - - - - - -
0         1-99,101-109,111-4094
1         100
2         110
```

⑦验证各交换机的配置：

```
C1#show spanning - tree mst 1        //显示交换机 C1 上实例 1 的特性
###### MST 1 vlans mapped : 100
BridgeAddr : 00d0. f8ff. 4e3f         //交换机 C1 的 MAC 地址
Priority : 4096                        //优先级
TimeSinceTopologyChange : 0d:7h:21m:17s
TopologyChanges : 0
DesignatedRoot : 100100D0F8FF4E3F   //后 12 位是 MAC 地址,此处显示的是 C1 自身的
                                      //MAC 地址。这说明C1 是实例 1 的生成树的根交换机
RootCost : 0
RootPort : 0
```

```
C2#show spanning - tree mst 2        //显示交换机 C2 上实例 2 的特性
###### MST 2 vlans mapped : 110
BridgeAddr : 00d0. f8ff. 4662
Priority : 4096
TimeSinceTopologyChange : 0d:7h:31m:0s
TopologyChanges : 0
DesignatedRoot : 100200D0F8FF4662
// C2 是实例 2 的生成树的根交换机
RootCost : 0
RootPort : 0
```

```
HJ1#show   spanning - tree mst 1      //显示交换机 HJ1 上实例 1 的特性
###### MST 1 vlans mapped : 100
BridgeAddr : 00d0. f8fe. 1e49
Priority : 32768
TimeSinceTopologyChange : 7d:3h:19m:31s
TopologyChanges : 0
DesignatedRoot : 100100D0F8FF4E3F    //实例 1 的生成树的根交换机是 C1
RootCost : 200000
RootPort : Fa0/1                       //对实例 1 而言,HJ1 的根端口是 Fa0/1
```

```
HJ1#show spanning - tree mst 2        //显示交换机 HJ1 上实例 2 的特性
###### MST 2 vlans mapped : 20,40
BridgeAddr : 00d0. f8fe. 1e49
Priority : 32768
TimeSinceTopologyChange : 7d:3h:19m:31s
TopologyChanges : 0
DesignatedRoot : 100200D0F8FF4662    //实例 2 的生成树的根交换机是 C2
RootCost : 200000
RootPort : Fa0/2                       //对实例 2 而言,HJ1 的根端口是 Fa0/2
```

4. 排错时的注意事项

桥接环路是 STP 故障的常见特征，STP 排错包括识别和防止桥接环路。STP 的主要功能是避免桥接网络冗余链路产生环路，STP 工作在 OSI 参考模型的第 2 层。当出现某些情况的时候（如软硬件故障），STP 将发生故障。STP 排错通常都是非常有难度的。

STP 的潜在故障包括以下几个方面：

(1) 双工不匹配。在点到点链路中，双工不匹配是一种常见的配置错误。例如：链路一侧采用手工配置全双工，而另一侧却使用自动协商，就会发生双工不匹配。全双工一方不再从半双工一方接收 BPDU，那么它就将认为不再存在根网桥。半双工一方进行载波监听、冲突检测及退后算法。

(2) 帧破坏。帧破坏是导致 STP 故障的另一种原因。如果接口正在经受高速率的物理错误，其结果就可能是丢弃 BPDU。这将导致处于阻塞状态的接口进入转发状态。帧破坏是诸多原因（例如双工不匹配、劣质电缆或不合格的电缆长度）综合影响的结果。

(3) 资源不足。如果出于某种原因而过度使用了网桥的 CPU，那么就可能导致 CPU 没有足够的资源来发出 BPDU。通常情况下，STP 不是一种处理器密集型的应用，并且 STP 的优先级高于其他进程。

(4) PortFast 配置错误。如果端口上启用了 PortFast 特性，端口将绕过 STP 的监听和学习状态，并将直接过渡到转发状态。

(5) MSTP 区域配置不一致或每个实例包含的 VLAN 信息不一致。多生成树的实例只在本区域内运行，当区域不一致时将导致生成树信息不能传达。另外每个实例中所包含的 VLAN 信息也要一致。

STP 的排错：

① 认清网络。用户必须理解网络的下列基本特征：桥接网络的拓扑、根网桥的位置、阻塞端口和冗余链路的位置。

② 恢复连接。恢复连接包括下列两种行为：打破环路就是手工禁用那些提供网络冗余的端口。在可能的情况下，我们应当首先禁用那些处于阻塞状态的端口。在每禁用一个端口的时候，都应当检查是否已经恢复网络连接，记录事件。如果不可能确定故障源，或者故障是瞬间现象，那么就可以在经历失效的交换机上启用日志功能，并且增加 STP 事件的日志级别。

③ 检查端口状态。应当首先调查阻塞端口的状态，然后再调查其他端口。

④ 查找资源错误。对于运行 STP 的交换机，CPU 高利用率可能会导致网络不稳定。通过使用 show processes 命令可以检查 CPU 利用率是否接近 100%。

⑤ 禁用不必要的特性。通过禁用尽可能多的特性可以降低排错的复杂程度。例如，EtherChannel 就是一种将几个不同链路捆绑到单个物理端口的特性，在排错的时候禁用该特性有助于排错。

6 路由器基础

6.1 路由器概述

6.1.1 路由器的功能

在互联网中进行路由选择要使用路由器。路由器用来实现将数据包从一个网段转发到另一个网段。路由器用于连接多个逻辑上分开的网络。路由器连接不同的网络，进行网络互联是通过接口完成的。路由器上有多个接口，用于连接多个不同的 IP 子网。每个接口对应一个 IP 地址，并与所连接的 IP 子网属同一个网络。

6.1.2 路由器的组成

路由器相当于一台 PC 主机，由硬件和软件组成。路由器的硬件由中央处理单元（CPU）、只读存储器（ROM）、内存（RAM）、闪存（Flash Memory）、非易失性内存（NVRAM）、接口、控制台端口（Console Port）、辅助端口（Auxiliary Port）、线缆等硬件组成；软件由 IOS（Internetwork Operating System）操作系统和运行配置文件组成。

1. 中央处理器

CPU 负责路由器的配置管理、维护路由表、选择最佳路由以及转发数据包等。

2. 存储设备

ROM 保存着加电自测诊断所需的指令、自举程序、路由器 IOS 操作系统的引导部分。引导部分负责路由的引导和诊断，即完成系统的初始化功能。

闪存是可读可写的存储器，保存着 IOS 操作系统文件，相当于硬盘。

NVRAM 是可读可写的存储器，保存路由器的配置文件。

RAM 是可读可写的存储器，和计算机中的 RAM 一样，其主要作用是在路由器运行期间存放临时数据。

3. 接口

路由器的接口：主要路由器具有非常强大的网络连接和路由功能，它可以与各种各样的不同网络进行物理连接，这就决定了路由器的接口技术非常复杂。路由器的接口主要分为局域网接口、广域网接口和配置接口等。路由器的接口如图 6－1 所示。

局域网接口：用来提供局域网的接入。根据选用的技术标准不同，局域网可选择不同的局域网接口。目前，以太网是局域网的主流技术标准，几乎所有类型的路由器都提

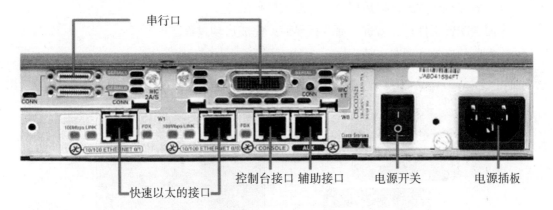

串行口

控制台接口 辅助接口　　电源开关　　　电源插板

快速以太的接口

图 6 – 1　路由器的接口

供以太网接口（RJ45）。

广域网接口：用来提供广域网的接入。根据采用的技术标准不同，广域网可以选择不同的广域网接口。目前，路由器上使用最多的广域网接口是光纤接口。

配置接口：路由器的配置接口根据配置方式的不同，所采用的接口也不一样，主要有两种：一种是本地配置所采用的控制台接口，另一种是远程配置时采用的辅助接口。

IOS 是 Internetwork Operating System 的简写，也就是网络设备操作系统。和计算机的操作系统一样，路由器的 IOS 也是用来管理路由器的硬件资源，为实现数据包以最优路径从一个网络路由到另外一个网络而调度 CPU、内存和网络接口。

4. 配置文件

路由器的配置文件分为两种：一种存储在 NVRAM 中，称为启动配置（Startup – Config）；另一种运行在 RAM 中，称为运行配置（Running – Config）。保存着 IOS 在路由器启动时读入的"启动配置文件"。当路由器启动时，首先寻找启动配置并加载到路由器内存中运行，该配置就变成了"运行配置"。修改了运行配置后，要保存到 NVRAM 中成为启动配置，路由器下一次启动时修改才会继续生效。

6.1.3　路由器的启动

路由器的启动顺序如下：

①路由器在加电后首先会加电自检（POST，Power On Self Test），测试它的硬件组成，包括存储器和接口。

②加载并执行 ROM 中的引导程序。

③引导程序找到并加载 IOS 影像文件。

④加载 IOS 后，开始查找并加载配置文件（Startup – Config），配置文件通常保存在 NVRAM 中。如果找不到系统配置文件，则系统要求采用对话方式对路由器进行初始配

置。可以放弃对话方式,以后用命令行形式进行配置。

⑤加载配置文件后,就进入命令行界面,完成启动过程。

路由器的启动如图 6 – 2 所示。

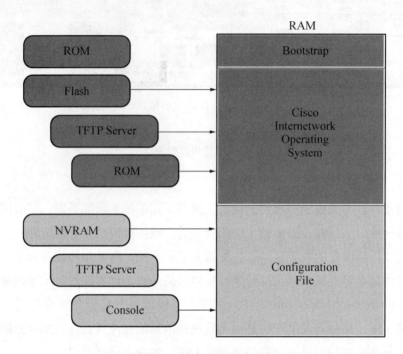

图 6 – 2　路由器的启动过程

6.2　路由器的基本配置

6.2.1　路由器的初始配置

新购买的路由器要进行初始配置。可以用厂家附送的 Console 线缆,一端连接 PC 机的 RS232 串口,一端连接路由的 Console 接口,使用 Windows 系统的超级终端程序进行配置。该程序一般位于"附件"程序组中。

在 Cisco Packet Tracer 中模拟配置过程如图 6 – 3 和图6 – 4 所示,连接以后的控制台界面如图 6 – 5 所示。

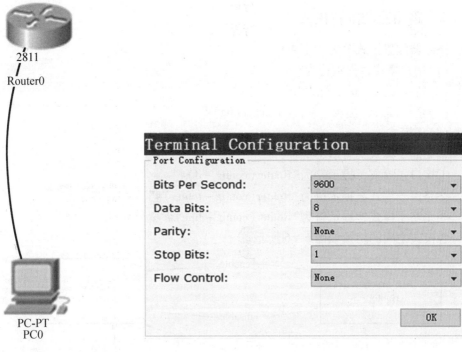

图 6－3　路由器的首次配置　　　　　　　　　　图 6－4　设置终端串口属性

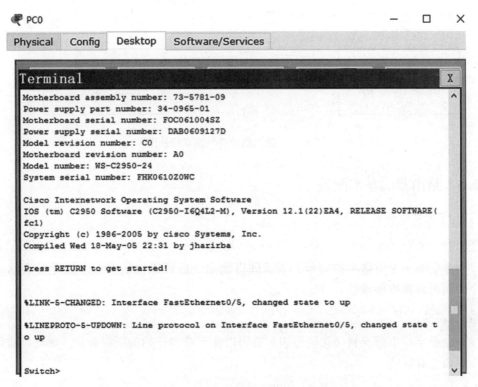

图 6－5　连接后的控制台界面

6.2.2 路由器的配置模式

路由器配置模式分为以下 4 种：

(1)用户模式，提示符为"＞"。

(2)特别模式，提示符为"#"。

(3)全局模式，提示符为"Router(config)#"。

(4)子模式。

常见的子模式又有以下 3 种：

①接口子模式，提示符为"Router(config - if)#"。

②路由子模式，提示符为"Router(config - router)#"。

③线路子模式，提示符为"Router(config - line)#"。

各模式之间的切换如图 6 - 6 所示。

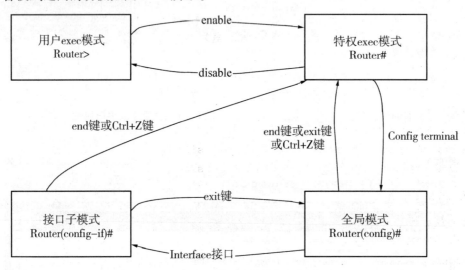

图 6 - 6　路由器的各种模式切换图

6.2.3 路由器的基本配置

1. 命令行的编辑特性

```
Router#show  ?
```

命令后隔一个空格再接问号，表示获得此命令后可以接的参数。如此处表示 show 命令后面可以接哪些参数。

```
Router#sh?
```

在命令字符串后面直接接问号表示获得以此字符串开始的所有命令。如此处表示 sh 开头的命令有哪些。

```
Router#conf t <Tab>   //使用 Tab 键补全命令行
```

2. 模式切换

```
Router >
Router >enable    //进入特权模式
Router#conf t    //进入全局配置模式
Router(config)#interface f0/0    //进入接口模式
Router(config-if)#end
Router(config)#
Router(config)#router rip    //进入 RIP 路由配置模式
Router(config-router)#exit
Router(config)#
```

3. 重命名路由器

```
Router#
Router#conf t
Enter configuration commands, one per line.   End with CNTL/Z.
Router(config)#hostname R1    //重命名路由器为 R1
R1(config)#
```

4. 配置进入特权模式的密码

```
R1#conf t
Enter configuration commands, one per line.   End with CNTL/Z.
R1(config)#enable password sise    //明文密码 sise
R1(config)#enable secret sise    //密文密码 sise
```

5. 配置 Telnet 登录密码

```
R1#conf t
Enter configuration commands, one per line.   End with CNTL/Z.
R1(config)#line vty 0 4         //0 4 表示同时支持 0～4 共 5 个会话
R1(config-line)#login          //登录需要密码保护
R1(config-line)#password sise     //设置密码为 sise
R1(config-line)#exit
R1(config)#
```

6. 配置控制台访问密码

```
R1#conf t
Enter configuration commands, one per line.   End with CNTL/Z.
R1(config)#line console 0
R1(config-line)#password sise
R1(config-line)#login
R1(config-line)#exit
R1(config)#
```

7. 配置以太网接口

```
R1#conf t
Enter configuration commands, one per line.   End with CNTL/Z.
R1(config)#inter f0/0
R1(config-if)#ip address 192.168.1.1 255.255.255.0
R1(config-if)#no shutdown   //打开接口,路由器的接口默认是关闭的
```

8. 配置串行口

```
R1#conf t
Enter configuration commands, one per line.   End with CNTL/Z.
R1(config)#interface s1/0
R1(config-if)#clock rate 64000   //配置 DCE 端的时钟速率
R1(config-if)#no shutdown
R1(config-if)#exit
R1(config)#
```

6.2.4　路由器密码重置实例

如路由器的密码丢失,将无法进入控制台进行设备管理,这时可以通过修改路由器配置寄存器的值来进行恢复。

路由器配置寄存器在 NVRAM 中,是一个 16 进制的 16 位数值,格式为 0xABCD。寄存器位数如图 6-7 所示。

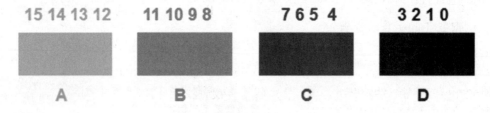

图 6-7　路由器配置寄存器的位数

配置寄存器的第 6 位用于告诉路由器是否使用 NVRAM 中的内容来加载路由器的配置。默认的配置寄存器值是 0x2102,即第 6 位是关闭的(值为 0)。默认情况下,路由器会查找并加载存储在 NVRAM(startup-config 文件)中的路由器配置。若要恢复口令,需要开启第 6 位,告诉路由器忽略 NVRAM 的内容。开启了第 6 位的配置寄存器值是 0x2142。

用 show version 命令可以查看配置寄存器的值,通常这个值是 0x2102。

如果丢失或忘记了路由器的密码可以重置密码。路由器密码重置步骤如下:

①断开电源,然后加电。加电的同时按住键盘上的 Ctrl+Break 键进入维护模式。

```
rommon 1 >
```

②先输入 confreg 0x2142 修改寄存器的值,再输入 reset 重启路由器。

```
remmon 1 > confreg 0x2142
remmon 2 > reset
```

③进入系统后，使用 copy start – config running – config 命令把 NVRAM 保存的配置文件拷出来。

④把以前的旧密码删掉，如 enable 密码可以在全局模式使用 no enable secret 命令删除。

⑤重新设置新的密码。设置新密码后，在全局配置模式下使用 config – register 0x2102 命令把配置寄存器的登记值改为默认，使用 copy running – config startup – config 命令保存配置即可完成密码重置。

6.3 数据链路层协议

6.3.1 数据链路层协议

数据链路层协议 CDP 是 Cisco Discovery Protocol 的缩写，是由思科公司推出的一种私有的二层网络协议，能够运行在大部分的思科设备上。通过运行 CDP，思科设备能够发现相邻的、直接相连的其他 Cisco 设备的协议。

CDP 是一个二层网络协议，默认每 60s 向 01 – 00 – 0C – CC – CC – CC 这个组播地址发送一次通告，如果在 180s 内未获得先前邻居设备的 CDP 通告，它将清除原来收到的 CDP 信息。因为 CDP 不依赖任何的三层协议，可以帮助我们解决一些三层错误配置故障，比如错误的三层地址等。

6.3.2 CDP 配置实例

在图 6 – 8 所示的拓扑中，可以根据 CDP 协议查找设备的邻居信息。

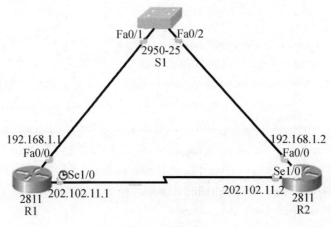

图 6 – 8　CDP 验证

R1 路由器的配置：

```
Router >
Router >enable
Router#configure terminal
Enter configuration commands, one per line.   End with CNTL/Z.
Router(config)#hostname R1
R1(config)#interface f0/0
R1(config-if)#ip address 192.168.1.1   255.255.255.0
R1(config-if)#no shutdown
R1(config-if)#inter s1/0
R1(config-if)#clock rate 64000
R1(config-if)#ip address 202.102.11.1   255.255.255.0
R1(config-if)#no shutdown
```

R2 路由器的配置：

```
Router >
Router >enable
Router#configure terminal
Router(config)#hostname R2
Enter configuration commands, one per line.   End with CNTL/Z.
R2(config)#interface f0/0
R2(config-if)#ip address 192.168.1.2   255.255.255.0
R2(config-if)#no shutdown
R2(config-if)#inter s1/0
R2(config-if)#ip address 202.102.11.2   255.255.255.0
R2(config-if)#no shutdown
```

验证：

```
R1#show CDP
Global CDP information:
    Sending CDP packets every 60 seconds
    Sending a holdtime value of 180 seconds
    Sending CDPv2 advertisements is enabled
```

```
R1#show cdp interface
Vlan1 is administratively down, line protocol is down
  Sending CDP packets every 60 seconds
  Holdtime is 180 seconds
FastEthernet0/0 is up, line protocol is up
  Sending CDP packets every 60 seconds
  Holdtime is 180 seconds
```

```
FastEthernet0/1 is administratively down, line protocol is down
  Sending CDP packets every 60 seconds
  Holdtime is 180 seconds
Serial1/0 is up, line protocol is up
  Sending CDP packets every 60 seconds
  Holdtime is 180 seconds
Serial1/1 is administratively down, line protocol is down
  Sending CDP packets every 60 seconds
  Holdtime is 180 seconds
Serial1/2 is administratively down, line protocol is down
  Sending CDP packets every 60 seconds
  Holdtime is 180 seconds
Serial1/3 is administratively down, line protocol is down
  Sending CDP packets every 60 seconds
  Holdtime is 180 seconds
```

```
R1#show cdp neighbors
Capability Codes: R - Router, T - Trans Bridge, B - Source Route Bridge
                  S - Switch, H - Host, I - IGMP, r - Repeater, P - Phone
Device ID    Local Intrfce   Holdtme    Capability   Platform    Port ID
R2           Ser 1/0         149             R        C2800       Ser 1/0
S1           Fas 0/0         178             S        2950        Fas 0/1
```

以上显示 R1 有两个邻居：R2 和 S1。"Device ID"表示邻居的主机名；"Local Intrfce"表明 R1 通过相应的接口和邻居连接；"Capability"表示邻居是什么设备；"Platform"表示邻居的硬件型号；"Port ID"指明了邻居设备的接口。

```
R1#show cdp entry R2
Device ID: R2
Entry address(es):
  IP address : 202.102.11.2
Platform: cisco C2800, Capabilities: Router
Interface: Serial1/0, Port ID (outgoing port): Serial1/0
Holdtime: 155
```

```
Version:
  Cisco IOS Software, 2800 Software (C2800NM - ADVIPSERVICESK9 - M), Version
12.4(15)T1, RELEASE SOFTWARE (fc2)
Technical Support: http://www.cisco.com/techsupport
Copyright (c) 1986 - 2007 by Cisco Systems, Inc.
Compiled Wed 18 - Jul - 07 06:21 by pt_rel_team
```

```
advertisement version: 2
Duplex: full
```

7 路由基础

7.1 路由技术

路由技术就是使路由器学习到路由，对路由进行控制并且维护这些路由完整无差错的技术。路由器有效地工作需要具备以下条件：

（1）知道目的地址。目的地址指明了这个数据包要到哪里去。如果不知道数据包的目的地址，就没有办法为数据包路由。

（2）有可以学到的路由资源。路由器自动得知直接连接在该路由器接口上的网段，其他网段的路由要么从相邻的路由器那里得到，要么由管理员人工配置路由。路由器学到路由资源后就知道到目的地址该从哪个接口转发。当然，路由器学到的路由资源包含数据包的目的地址网段。

（3）能根据某种计算方法确定到达目的地址的最佳路由。一般情况下，到达目的地址网段可能有若干条路径，路由器需在这若干条路径中选择到达目的地址的最佳路由。

（4）管理和维护路由信息。路由器会定期更新学习到的路由信息，去掉或发送那些不可到达的路由信息，以保证路由信息正确，网络畅通。

7.2 路由表

路由表是路由选择的重要依据，不同的路由协议其路由表中的路由信息也不完全相同，但大都有以下一些字段：

（1）目标网络地址/掩码。指出目标主机所在的网络地址和子网掩码信息。

（2）管理距离/度量值。指出该路由条目的可信程度以及到达目标网络所花的代价。

（3）下一跳地址。指出被路由的数据包将被送到的下一跳路由器的入口地址。

（4）路由更新时间。指出上一次收到此路由信息所经过的时间。每条路由条目都有一个超时时间，即此条路由信息的存活时间。

（5）输出接口。指出到目标网络去的数据包从本路由器的哪个接口发出去。

整个路由表如图 7-1 所示。"codes"部分指出了路由来源代码符号，它给出路由表中每条条目的第一列字母所代表的路由信息来源，C 代表直连路由，S 代表静态路由，＊代表默认路由，R 代表 RIP，O 代表 OSPF，O IA 代表 OSPF 区域间的路由。图 7-1 中"Gateway of last resort is not set"下面部分表示路由信息表，它列出了本路由器中所有已配置的路由条目。

```
HJ1#show ip route
Codes: C - connected, S - static, R - RIP, M - mobile, B - BGP
       D - EIGRP, EX - EIGRP external, O - OSPF, IA - OSPF inter area
       N1 - OSPF NSSA external type 1, N2 - OSPF NSSA external type 2
       E1 - OSPF external type 1, E2 - OSPF external type 2
       i - IS-IS, su - IS-IS summary, L1 - IS-IS level-1, L2 - IS-IS level-2
       ia - IS-IS inter area, * - candidate default, U - per-user static route
       o - ODR, P - periodic downloaded static route

Gateway of last resort is not set

     172.16.0.0/24 is subnetted, 4 subnets
O IA    172.16.250.0 [110/2] via 192.168.1.6, 00:00:11, Vlan1
O IA    172.16.240.6 [110/2] via 192.168.1.6, 00:00:11, Vlan1
C       172.16.110.0 is directly connected, Vlan110
C       172.16.100.0 is directly connected, Vlan100
C       192.168.1.0/24 is directly connected, Vlan1
```

图 7-1 路由表示例

O IA 172.16.250.0 ［110/2］ via 192.168.1.6, 00:00:11, Vlan1

"O IA"表示此路由条目是 OSPF 区域间路由;"172.16.250.0"表示目标网段,有些目标网段后有子网掩码位数,如"192.168.1.0/24";"［110/2］"表示管理距离和开销,"110"表示管理距离,"2"表示到目标网段去的开销;"via 192.168.1.6"表示经过的下一跳地址;"00:00:11"表示路由信息更新时间,即获得此条路由信息多长时间了;"Vlan1"表示输出接口,即到目标网络去的数据包从本路由器的 VLAN 1 接口发出。

7.3 管理距离

管理距离是在路由上附加的一个度量,用来描述路由的可信度。一台路由器可以同时运行多种路由协议,不同路由协议使用的计算方法和度量都是不同的,到达目的网络的路径也就不一样。当同时使用多个路由协议时,路由器必须知道哪一个协议给出的是最准确(最可信赖)的路径。为了区别不同路由协议的可信度,每个路由协议都指定了一个管理距离。在 Cisco 设备中,各个路由协议的管理距离如表 7-1 所示。

表 7-1 路由协议默认管理距离

路由协议	默认管理距离	路由协议	默认管理距离
直连路由	0	IGRP	100
静态路由(出口为本地接口)	0	OSPF	110
静态路由(出口为下一跳)	1	IS-IS	115
EIGRP 汇总路由	5	RIP	120
外部 BGP	20	外部 EIGRP	170
内部 EIGRP	90	内部 BGP	200

路由表中管理距离越小说明路由的可信程度越高。路由器会优先采用管理距离小的路由条目。从表7-1可以看出,除了直连路由外,路由器优先选用静态路由,因此在配置静态路由时要格外注意,以免造成路由环路和路由不可达等问题。

7.4　度量值

度量值是某一路由协议根据自己的路由算法计算出来的一条路径优先级,也可以说是去到目的网络的开销。度量值是路由协议判别到目的网络的最佳路径的方法,度量值越小,路径越佳。

各种路由协议计算度量值的方法不一样,所以不同路由协议选出的到目的网络的最佳路径也可能不一样。度量值的计算可以根据路由的某一个特征如到达目的网络的距离,也可以结合多个特征如到目的网络的距离和到目的网络的带宽来计算。路由协议在交换路由信息时会更改度量值,如 RIP 协议以跳数为度量值,当某个运行 RIP 协议的路由器在向外通告 RIP 路由信息时,它会把度量值加1。以下列出了路由器中常用的度量值:

(1)跳数。数据包到达目的端必须经过的路由器个数。

(2)带宽。链路的数据承载能力。

(3)延迟。数据包从源端到达目的端需要的时间。

(4)负载。链路上数据流量的多少。

(5)可靠性。链路上转发数据的差错率。

(6)开销。链路上转发数据包的代价。

7.5　收敛与收敛时间

收敛是指某一特定系统中的所有路由器了解了整个网络,学习到整个网络的拓扑结构,路由表处于稳定状态。拓扑结构的变化与该网络上每台路由器的路由表作出相应改变并达到稳定状态之间的时间间隔叫作收敛时间。在网络拓扑结构发生变化后,路由器计算新的路由时可能会造成网络中断或路由环路,因此快速收敛是路由协议追求的一个重要目标。

7.6　路由更新

路由器向外通告自己的路由信息称为路由更新。路由更新可以包含路由器的整个路由表或者仅包含变化的部分。这些路由更新通告对于路由器及时接收到关于网络环境的变化,保持路由表的准确性,以及选择最佳路由是必不可少的。根据所使用的路由协议,路由更新可以定期发出,也可以在拓扑结构发生变化时发出。

7.7　路由查找

　　路由器在查找路由时一般先查找直连路由，再查找静态路由，最后查找动态路由。如果查找不到相匹配的路由，在存在默认路由的情况下则使用默认路由将数据包转发出去。路由器扫描路由表中的匹配项目的具体步骤如下：

　　①使用子网掩码来确定数据包要到达的网络地址，并且对路由表进行扫描。如果路由表中有多条与目的网络地址匹配的表项，则从相匹配的路由表项中选最长子网掩码的路由条目，并将数据包发送给此路由条目指定的下一跳地址。

　　②如果路由表项中不存在与目的网络匹配的表项，就寻找一个默认路由，然后将数据包发送给默认路由设定的下一跳地址。

　　③如果不存在默认路由，IP 就发送一个"目的不可到达"的 ICMP 信息给数据包源地址。

7.8　直连路由

　　路由器的每个接口都有一个 IP 地址，且单独占用一个网段，即路由器的不同接口的 IP 地址不能属于同一网段。一旦给路由器的接口分配了 IP 地址并激活了此接口，路由器就会自动产生此端口所在网段的直连路由信息。这是路由器路由的基础配置。在图 7-2 所示的拓扑结构中，路由器各端口配置如图 7-3 所示，配置后路由器中产生的直连路由信息如图 7-4 所示。

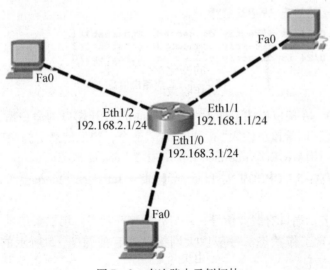

图 7-2　直连路由示例拓扑

```
Router>en
Router#conf t
Enter configuration commands, one per line.  End with CNTL/Z.
Router(config)#interface e1/0
Router(config-if)#ip add 192.168.3.1 255.255.255.0
Router(config-if)#no shut

Router(config-if)#
%LINK-5-CHANGED: Interface Ethernet1/0, changed state to up

%LINEPROTO-5-UPDOWN: Line protocol on Interface Ethernet1/0, changed state to up

Router(config-if)#interface e1/1
Router(config-if)#ip address 192.168.1.1 255.255.255.0
Router(config-if)#no shutdown

Router(config-if)#
%LINK-5-CHANGED: Interface Ethernet1/1, changed state to up

%LINEPROTO-5-UPDOWN: Line protocol on Interface Ethernet1/1, changed state to up

Router(config-if)#inter e1/2
Router(config-if)#ip address 192.168.2.1 255.255.255.0
Router(config-if)#no shut
```

图 7-3　路由器的端口配置

```
Router#
Router#show ip route
Codes: C - connected, S - static, I - IGRP, R - RIP, M - mobile, B - BGP
       D - EIGRP, EX - EIGRP external, O - OSPF, IA - OSPF inter area
       N1 - OSPF NSSA external type 1, N2 - OSPF NSSA external type 2
       E1 - OSPF external type 1, E2 - OSPF external type 2, E - EGP
       i - IS-IS, L1 - IS-IS level-1, L2 - IS-IS level-2, ia - IS-IS inter area
       * - candidate default, U - per-user static route, o - ODR
       P - periodic downloaded static route

Gateway of last resort is not set

C    192.168.1.0/24 is directly connected, Ethernet1/1
C    192.168.2.0/24 is directly connected, Ethernet1/2
C    192.168.3.0/24 is directly connected, Ethernet1/0
```

图 7-4　直连路由信息

在图 7-3 中，在接口模式下输入"no shutdown"打开端口的命令后，路由器会自动弹出以下信息（在不同端口下输入"no shutdown"命令，弹出信息中的端口会不一样）：

%LINK-5-CHANGED：Interface Ethernet1/2，changed state to up

%LINEPROTO-5-UPDOWN：Line protocol on Interface Ethernet1/2，changed state to up

第一条信息表示端口有载波信号，端口处于打开状态。第二条信息表示端口在数据链路层上处于正常工作状态。一般以太网接口会有如图 7-5 所示的一些"status"和"protocol"的组合信息。

```
Router#
Router#show ip interface brief
Interface              IP-Address      OK? Method Status                Protocol
FastEthernet0/0        unassigned      YES unset  administratively down down
FastEthernet0/1        unassigned      YES unset  administratively down down
Ethernet1/0            192.168.3.1     YES manual up                    down
Ethernet1/1            192.168.1.1     YES manual up                    up
Ethernet1/2            192.168.2.1     YES manual up                    up
```

图 7-5 接口简要信息

各个组合的含义如下：

（1）Status 是"up"，Protocol 是"up"：表示接口正常。

（2）Status 是"up"，Protocol 是"down"：表示接口虽然开启了，但在数据链路层上连接不正常，如接口没有连接设备、对方接口没有开启。

（3）Status 是"administratively down"，Protocol 是"down"：表示接口被管理员关闭。默认情况下路由器的接口都处于被管理员关闭状态。

如果接口的 Status 或 Protocol 任何一个处于"down"状态，则路由器会自动删除该接口所对应的直连路由。

7.9 静态路由和动态路由

7.9.1 静态路由

静态路由是由网络管理员在路由器上手动配置的路由。静态路由的基本思想是，如果想要路由器知道某个网络，就手工输入这些路径。静态路由十分容易理解和配置，但由于需要管理员输入，所以当网络拓扑结构发生变化而需要改变路由时，管理员就必须重新配置路由信息。所以，静态路由的缺点就是不能动态反映网络拓扑，不能及时更新路由信息，只适合应用在网络规模比较小并且网络相对稳定的情况。当然，静态路由也有它的优点，主要优点如下：

（1）静态路由不用计算，因此不会占用路由器的 CPU 和内存。

（2）静态路由不用向其他路由器发送路由更新，不会占用网络带宽。

（3）可以控制路由选择。静态路由的优先级比动态路由的优先级高，因此可以利用静态路由控制数据包从静态路由设定的路径转发，达到控制路由选择的目的。

（4）提高安全性。动态路由协议会在路由器之间交换路由信息，网络拓扑结构不可避免地会暴露。而使用静态路由可以不用进行路由信息交换以达到隐藏网段的目的，提高了安全性。

静态路由在全局配置模式下配置，配置命令为：

`Router(config)# ip route  目的网络  子网掩码  下一跳地址或本地转发接口`

如：

```
Router(config)# ip route 172.16.1.0 255.255.255.0 192.168.1.1
Router(config)# ip route 172.16.2.0 255.255.255.0 S0/0
```

注意，在静态路由中，使用本地转发接口时静态路由的管理距离为0，使用下一跳地址时静态路由的管理距离为1。在点对点网络中，可以使用接口和下一跳地址转发，但在点对多点网络中只能使用下一跳地址。比如路由器的一个转发接口连在一台交换机上，交换机还连了另外两个路由器，如果在配置命令中指定了当前接口，那么从这个转发接口转发数据将不知转发到哪个路由器。

删除静态路由的配置命令为：

```
Router(config)# no ip route
```

在配置静态路由时，有一种特例，那就是默认路由。默认路由是在 IP 数据包中的目的地址匹配不到其他路由时路由器所选择的路由。

默认路由的配置命令为：

```
Router(config)# ip route 0.0.0.0  0.0.0.0   下一跳地址或本地转发接口
```

"0.0.0.0 0.0.0.0"表示目的地址全0，子网掩码全0。可以匹配所有的 IP 地址，属于最不精确的匹配。默认路由通常配置在局域网的出口路由器上。

7.9.2 动态路由

在网络中采用静态路由配置简单，但网络中难免会出现链路断开或恢复的情况。每次网络的变化都需要网络管理员立即配置路由信息，管理员将无法及时完成这工作，尤其是在大型网络中工作量更庞大。

动态路由能够实时适应网络拓扑变化。当网络发生变化时，网络中的路由器会把这种变化通告给其他路由器，其他路由器收到网络变化的路由更新信息后，路由选择协议会重新计算路由，并向其他路由器发出新的路由更新信息。这些路由更新信息被扩散到整个网络，引起各路由器重新计算路由，并更新自己的路由表以动态反映网络拓扑结构变化。动态路由适用于网络拓扑复杂、规模大的网络。但动态路由协议会占用路由器部分 CPU 和内存资源用于计算，并占用一定的网络带宽以交换路由信息。

动态路由协议使路由器之间能够互相交换路由信息。路由器和路由器之间交换路由信息时要共同遵守一组规则，这组规则就是动态路由协议。每条动态路由协议都有两个基本功能：一个是维护自身的路由表，另一个是能将路由更新信息及时通知其他路由器。

按应用范围的不同，路由协议可分两类：在一个自治系统(AS, Autonomous System, 指有权自主决定在本系统中采用何种路由协议的较小网络单位)内的路由协议称为内部网关协议(IGP, Interior Gateway Protocol)，AS 之间的路由协议称为外部网关协议(EGP, Exterior Gateway Protocol)。内部网关路由协议主要有以下几种：RIP、IGRP、EIGRP、IS – IS 和OSPF。典型的 EGP 协议是 BGPv4。

根据路由协议的工作原理，路由协议可以分为距离矢量路由协议、链路状态路由协议和混合路由协议。

距离矢量路由协议关心的是到目的网段的距离和方向(矢量)。运行距离矢量路由协议的路由器在收到邻居路由器通告的路由时,将学到的网段信息和收到此网段信息的接口关联起来,以后有数据要转发到这个网段就使用这个关联的接口。距离矢量路由协议主要有 RIP 和 IGRP。

链路状态路由协议基于图论中非常著名的 Dijkstra 算法,即最短优先路径(SPF, Shortest Path First)算法。每台路由器通过接收包含邻居 ID、链路类型和带宽等信息的数据包构建网络拓扑,并计算通向每个目的网络的最佳路径。就像拥有了地图一样,路由器拥有关于拓扑中所有目的地以及通向各个目的地的路由详图。SPF 算法用于确定通向每个网络的最佳路径。链路状态路由协议主要有 OSPF 和 IS – IS。

混合路由协议结合了距离矢量路由协议和链路状态路由协议的特点,用更复杂的度量值来确定到达目的网络的最佳路径,而且用拓扑结构的变化来触发路由更新。典型的是思科公司的 EIGRP(EIGRP 在很多资料中被划分为距离矢量路由协议)。

7.10　路由汇总

路由汇总又称为路由聚合,是把一组路由条目汇总为单个路由条目。路由汇总的最终结果和最明显的好处是减少网络上路由条目的数量。由于减少了路由器中路由条目的数量,路由器查询路由表的平均时间将加快,同时路由条目更新的数量减少,路由协议的开销也将显著减少。随着整个网络规模(以及子网的数量)的扩大,路由汇总将变得更加重要。

除了可以减少路由表条数之外,路由汇总还能通过在网络连接断开之后限制路由通信的传播来提高网络的稳定性。如果一台路由器仅向所连接的下游路由器发送汇总后的路由,它就不会广播汇总网段内包含的具体子网有关的变化。例如,如果一台路由器仅向其邻近的路由器广播汇聚路由地址 172.16.0.0/16,那么,如果它检测到 172.16.10.0/24 局域网网段中的一个故障,它将不向邻近的路由器发送更新。这个原则在网络拓扑结构发生变化之后能够显著减少任何不必要的路由更新。实际上,这将加快网络收敛速度,使网络更加稳定。

7.10.1　路由汇总的计算方法

路由汇总的计算分为三步:

①将各网络地址以二进制写出,并逐位对齐。

②从左边第 1 位比特开始进行比较,找到所有地址中都相同的最后一位,并从开始不相同的比特位到末尾位填充为 0。由此得到的地址为汇总后网段的网络号。

③计算上一步中网络地址有多少位,将这些位数全部变成 1,计算子网掩码(路由汇总中的网络号也可由网络前缀来表示,有多少位网络号网络前缀就是多少。如网络号 172.16.28.0,子网掩码 255.255.255.0,可以用网络前缀的表示方法表示为

172.16.28.0/24)。

假设有 4 个网络：172.16.129.0/24、172.16.130.0/24、172.16.132.0/24、172.16.133.0/24，如果对这四个网络地址进行路由汇总，其具体计算过程如下：

①将各个网络地址以二进制写出。这里所有网络地址都是以"172.16"开始，所以"172.16"这 16 位在此不进行二进制转换。

172.16.129.0　　后 16 位对应的二进制为　1 0 0 0 0 0 0 1 . 0 0 0 0 0 0 0 0
172.16.130.0　　后 16 位对应的二进制为　1 0 0 0 0 0 1 0 . 0 0 0 0 0 0 0 0
172.16.132.0　　后 16 位对应的二进制为　1 0 0 0 0 1 0 0 . 0 0 0 0 0 0 0 0
172.16.133.0　　后 16 位对应的二进制为　1 0 0 0 0 1 0 1 . 0 0 0 0 0 0 0 0

②从左边第一位开始找出所有网络地址都相同的部分，得到的结果为"10000"，从不相同的部分开始全部用 0 填充得到的结果为"10000000.00000000"，将二进制部分转换成十进制后得到的汇总网络号为"172.16.128.0"。

③汇总前所有网络地址相同位数为 21 位，所以汇总后的网络地址为"172.16.128.0/21"或"172.16.128.0，255.255.248.0"。

7.10.2 路由汇总的配置

路由选择协议 RIP、IGRP 和 EIGRP 在有类网络的主网络边界接口上向外通告路由信息时会自动进行汇总。具体地说，如果被通告的路由信息和通告出去的接口有类网络地址不同，则自动对路由进行汇总。如路由器接口 E1 的 IP 地址为 172.16.10.1/24，接口 E2 的 IP 地址为 172.16.20.1/24，接口 E3 的 IP 地址为 192.168.1.1/24，则经由 E3 接口通告 E1、E2 网段的路由信息时会自动汇总为"172.16.0.0/16"。使用 EIGRP 和 RIPv2 时，可以关闭自动汇总功能。使用 OSPF 或 IS－IS 时，必须手工配置汇总。如果需要跨越边界通告所有的网络，当网络不连续时，就不能使用路由汇总。如图 7－6 所示，R1 与 R2 通过 192.168.1.0/24 网段相连，但 R1、R2 又各自连接有 172.16.0.0/16 网段的子网，且172.16.0.0/16 网络是不连续的(R1 的 172.16.0.0/16 网段与 R2 的 172.16.0.0/16 网段中间隔了个 192.168.1.0/24 网段，所以网络 172.16.0.0/16 是不连续的)，因此在 R1、R2 上不能配置自动汇总。

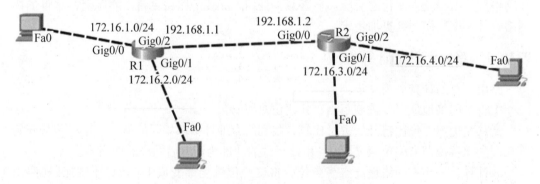

图 7－6　不连续网络示意图

下面以 RIP 和 OSPF 为例介绍路由汇总的配置。

1. RIP 中路由汇总的相关配置

在 RIP 协议中, 路由汇总是自动配置的, 即默认开启了自动汇总。以图 7-6 为网络拓扑结构, 按照 RIP 的默认配置, R1 和 R2 的路由表如图 7-7 和图 7-8 所示。从各自的路由表可以看出, R1 和 R2 均没有对方网段的路由条目。

```
R1#show ip route
Codes: L - local, C - connected, S - static, R - RIP, M - mobile, B - BGP
       D - EIGRP, EX - EIGRP external, O - OSPF, IA - OSPF inter area
       N1 - OSPF NSSA external type 1, N2 - OSPF NSSA external type 2
       E1 - OSPF external type 1, E2 - OSPF external type 2, E - EGP
       i - IS-IS, L1 - IS-IS level-1, L2 - IS-IS level-2, ia - IS-IS inter area
       * - candidate default, U - per-user static route, o - ODR
       P - periodic downloaded static route

Gateway of last resort is not set

      172.16.0.0/16 is variably subnetted, 5 subnets, 3 masks
R        172.16.0.0/16 [120/1] via 192.168.1.2, 00:00:19, GigabitEthernet0/2
C        172.16.1.0/24 is directly connected, GigabitEthernet0/0
L        172.16.1.1/32 is directly connected, GigabitEthernet0/0
C        172.16.2.0/24 is directly connected, GigabitEthernet0/1
L        172.16.2.1/32 is directly connected, GigabitEthernet0/1
      192.168.1.0/24 is variably subnetted, 2 subnets, 2 masks
C        192.168.1.0/24 is directly connected, GigabitEthernet0/2
L        192.168.1.1/32 is directly connected, GigabitEthernet0/2
```

图 7-7 R1 的路由表

```
R2#show ip route
Codes: L - local, C - connected, S - static, R - RIP, M - mobile, B - BGP
       D - EIGRP, EX - EIGRP external, O - OSPF, IA - OSPF inter area
       N1 - OSPF NSSA external type 1, N2 - OSPF NSSA external type 2
       E1 - OSPF external type 1, E2 - OSPF external type 2, E - EGP
       i - IS-IS, L1 - IS-IS level-1, L2 - IS-IS level-2, ia - IS-IS inter area
       * - candidate default, U - per-user static route, o - ODR
       P - periodic downloaded static route

Gateway of last resort is not set

      172.16.0.0/16 is variably subnetted, 5 subnets, 3 masks
R        172.16.0.0/16 [120/1] via 192.168.1.1, 00:00:07, GigabitEthernet0/0
C        172.16.3.0/24 is directly connected, GigabitEthernet0/1
L        172.16.3.1/32 is directly connected, GigabitEthernet0/1
C        172.16.4.0/24 is directly connected, GigabitEthernet0/2
L        172.16.4.1/32 is directly connected, GigabitEthernet0/2
      192.168.1.0/24 is variably subnetted, 2 subnets, 2 masks
C        192.168.1.0/24 is directly connected, GigabitEthernet0/0
L        192.168.1.2/32 is directly connected, GigabitEthernet0/0
```

图 7-8 R2 的路由表

要解决上述问题, 就需要在 RIP 中关闭自动汇总。命令如下:

```
R2(config)#router rip                //进入 RIP 协议
R2(config-router)# version 2         //使用 v2 版本, RIP 只有 v2 版本支持关闭自动汇总
R2(config-router)#no auto-summary    //关闭自动汇总
```

R1 和 R2 均关闭自动汇总后，R2 的路由表如图 7-9 所示。从图 7-9 中可以看出，R2 现在获得了 R1 所联网段的路由信息。

```
R2#show ip route
Codes: L - local, C - connected, S - static, R - RIP, M - mobile, B - BGP
       D - EIGRP, EX - EIGRP external, O - OSPF, IA - OSPF inter area
       N1 - OSPF NSSA external type 1, N2 - OSPF NSSA external type 2
       E1 - OSPF external type 1, E2 - OSPF external type 2, E - EGP
       i - IS-IS, L1 - IS-IS level-1, L2 - IS-IS level-2, ia - IS-IS inter area
       * - candidate default, U - per-user static route, o - ODR
       P - periodic downloaded static route

Gateway of last resort is not set

     172.16.0.0/16 is variably subnetted, 6 subnets, 2 masks
R        172.16.1.0/24 [120/1] via 192.168.1.1, 00:00:11, GigabitEthernet0/0
R        172.16.2.0/24 [120/1] via 192.168.1.1, 00:00:11, GigabitEthernet0/0
C        172.16.3.0/24 is directly connected, GigabitEthernet0/1
L        172.16.3.1/32 is directly connected, GigabitEthernet0/1
C        172.16.4.0/24 is directly connected, GigabitEthernet0/2
L        172.16.4.1/32 is directly connected, GigabitEthernet0/2
     192.168.1.0/24 is variably subnetted, 2 subnets, 2 masks
C        192.168.1.0/24 is directly connected, GigabitEthernet0/0
L        192.168.1.2/32 is directly connected, GigabitEthernet0/0
```

图 7-9 关闭自动汇总后 R2 的路由表

2. OSPF 中路由汇总相关配置

在 OSPF 协议中，路由汇总需要手工配置。通过 OSPF 路由汇总功能，可以在区域边界路由器上将来自一个区域的路由以单一的汇总路由向其他区域通告，也可以把从其他类型协议重发布的路由以单一汇总路由向本地 OSPF 路由发布，这样可以大大减少区域内部路由器中路由的条目，提高路由查询效率。所以，在 OSPF 路由汇总中，主要是在区域边界路由器或者自治系统边界路由器上进行，分别进行区域间路由汇总和重发布路由汇总。

区域间路由汇总的命令：

```
Router(config-router)# area area-id range ip-address mask [advertise|
not-advertise][cost cost-v]
```

通过它可以指定对应区域中要汇总的路由地址范围，同时也将所配置的汇总地址作为汇总路由向邻居区域通告。命令中的参数说明如下：

area-id：指定要汇总路由的区域标识，可以是一个十进制数或者一个 IP 地址。

ip-address：指定汇总路由的 IP 地址。

mask：指定汇总路由的子网掩码。它与参数 ip-address 共同确定要被本条命令汇总的子网路由范围。

advertise：二选一可选项，设置以上地址范围的路由为允许通告状态，此时将产生该汇总路由的类型 3 汇总 LSA。

not-advertise：二选一可选项，设置以上地址范围的路由为禁止通告状态，此时该范围内的汇总路由对应的类型 3 汇总 LSA 被取消，分支网络间相互不可见。

cost-v：可选参数，指定汇总路由的开销，用于采用 OSPF 的 SPF 路由算法计算确定到达目标的最短路径。

自治系统边界路由器上的路由汇总(即重发布路由的汇总)命令:

```
Router(config - router)# summary - address ip - address mask
```

ip - address、mask 这两个参数与区域间路由汇总命令中的意思一样,它们共同指定了汇总路由地址。

以图 7 - 10 拓扑图为例,我们来看一下区域间的路由汇总。

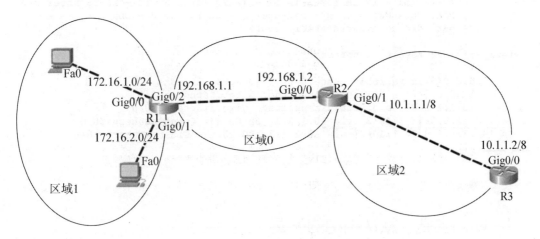

图 7 - 10　区域间路由汇总拓扑

在配置路由汇总前,R3 路由器的路由条目如图 7 - 11 所示。从图 7 - 10 中可以看出,R3 有各个网段的明细路由。

```
R3#
R3#show ip route
Codes: L - local, C - connected, S - static, R - RIP, M - mobile, B - BGP
       D - EIGRP, EX - EIGRP external, O - OSPF, IA - OSPF inter area
       N1 - OSPF NSSA external type 1, N2 - OSPF NSSA external type 2
       E1 - OSPF external type 1, E2 - OSPF external type 2, E - EGP
       i - IS-IS, L1 - IS-IS level-1, L2 - IS-IS level-2, ia - IS-IS inter area
       * - candidate default, U - per-user static route, o - ODR
       P - periodic downloaded static route

Gateway of last resort is not set

      10.0.0.0/8 is variably subnetted, 2 subnets, 2 masks
C        10.0.0.0/8 is directly connected, GigabitEthernet0/0
L        10.1.1.2/32 is directly connected, GigabitEthernet0/0
      172.16.0.0/24 is subnetted, 2 subnets
O IA     172.16.1.0/24 [110/3] via 10.1.1.1, 00:00:26, GigabitEthernet0/0
O IA     172.16.2.0/24 [110/3] via 10.1.1.1, 00:00:26, GigabitEthernet0/0
O IA  192.168.1.0/24 [110/2] via 10.1.1.1, 00:00:26, GigabitEthernet0/0
```

图 7 - 11　路由汇总前 R3 的路由表

在 R1 上配置区域 1 的路由汇总:

```
R1(config - router)# area 1 range 172.16.0.0  255.255.0.0
```

在 R3 上再次查看 R3 的路由表，路由表如图 7 - 12 所示。从中可以看出，R1 路由器所连的 172.16.1.0/24 网段和 172.16.2.0/24 网段已经汇总成了 172.16.0.0/16 网段。

```
R3#
R3#show ip route
Codes: L - local, C - connected, S - static, R - RIP, M - mobile, B - BGP
       D - EIGRP, EX - EIGRP external, O - OSPF, IA - OSPF inter area
       N1 - OSPF NSSA external type 1, N2 - OSPF NSSA external type 2
       E1 - OSPF external type 1, E2 - OSPF external type 2, E - EGP
       i - IS-IS, L1 - IS-IS level-1, L2 - IS-IS level-2, ia - IS-IS inter area
       * - candidate default, U - per-user static route, o - ODR
       P - periodic downloaded static route

Gateway of last resort is not set

     10.0.0.0/8 is variably subnetted, 2 subnets, 2 masks
C       10.0.0.0/8 is directly connected, GigabitEthernet0/0
L       10.1.1.2/32 is directly connected, GigabitEthernet0/0
O IA 172.16.0.0/16 [110/3] via 10.1.1.1, 00:00:24, GigabitEthernet0/0
O IA 192.168.1.0/24 [110/2] via 10.1.1.1, 00:20:17, GigabitEthernet0/0
```

图 7 - 12　路由汇总后 R3 的路由表

7.11　项目实施：默认路由的配置

1. 发包方项目要求

在项目拓扑图图 1 - 8 中，要求内网中的所有网段都能够访问外网。

2. 接包方项目分析

在项目拓扑图图 1 - 8 中，内网要访问外网就必须有内网到外网网段的路由信息，但外网的网段数量又太繁多，把外网所有网段的路由条目都让内网路由设备知道，则内网每台路由设备的路由条目有成千上万条，无论是动态路由还是静态路由，这都是不可能的，能概括所有路由的只有默认路由了。从拓扑图中可以得知，内网用户到外网去的路径要么经过 C1 和 R1，要么经过 C2 和 R1，则我们可以在汇聚层交换机上设置到 C1 或 C2 的默认路由，在 C1 核心交换机和 C2 核心交换机上设置到 R1 的默认路由，在 R1 上设置到 Internet 的默认路由。

3. 项目配置实施

（1）汇聚层交换机的默认路由配置。每个汇聚交换机都有两条不同的路径连接到不同的核心交换机。汇聚交换机到外网可以经由 C1 也可以经由 C2，因此可以在汇聚交换机上设置到 C1 和 C2 的默认路由，只是需要用到浮动默认路由。浮动默认路由的配置只需在默认路由的最后加上一个表示度量值的 distance 参数值就行了。distance 是一个位于 1 ~ 255 之间的值，数值越小，路由优先级越高。255 则表示路由不可达，优先级最差。优先级高的作为主路由一直出现在路由表中，优先级低的作为备用路由则无法出现在路由表中。只有当主链路出现故障主路由消失后，备用路由才"浮起来"出现在路由表中，成为数据转发的依据。

在项目拓扑图图1-8中，为了避免某个核心交换机负担过重，我们做一下负载分担，即HJ1和HJ2到外网去的路由走C1核心交换机；HJ3和HJ4到外网去的路由走C2核心交换机。每个汇聚交换机的配置都类似，下面以HJ1汇聚交换机和HJ3汇聚交换机为例进行配置。

HJ1汇聚交换机的配置：

```
HJ1#config terminal
HJ1(config)#ip route 0.0.0.0   0.0.0.0   192.168.1.1 1
//192.168.1.1是C1连接汇聚交换机的IP地址.1是distance值,确定了HJ1到外网去的
主路径
HJ1(config)#ip route 0.0.0.0   0.0.0.0   192.168.1.2 2
//192.168.1.2是C2连接汇聚交换机的IP地址.2是distance值,确定了HJ1到外网去的
备用路径
HJ1(config)#ip routing   //开启路由功能.三层交换机默认没有开启路由功能
```

HJ3汇聚交换机的配置：

```
HJ3#config terminal
HJ3(config)#ip route 0.0.0.0 0.0.0.0 192.168.1.2 1
HJ3(config)#ip route 0.0.0.0 0.0.0.0 192.168.1.1 2
HJ3(config)#ip routing
```

（2）核心交换机的默认路由配置：

核心交换机到外网去的路径只有一条，所以只需在核心交换机上将默认路由指向R1就行了。

C1核心交换机的配置：

```
C1(config)#ip route 0.0.0.0 0.0.0.0 172.16.1.1
C1(config)#ip routing
```

C2核心交换机的配置：

```
C2(config)#ip route 0.0.0.0 0.0.0.0 172.16.2.1
C2(config)#ip routing
```

（3）R1的配置：

```
R1(config)#ip route 0.0.0.0 0.0.0.0 1.1.1.2      //1.1.1.2为ISP提供的网关地址
```

（4）验证配置结果。查看HJ1交换机的路由表，如图7-13所示。从图中可以看出，虽然我们配置了两条默认路由，但路由表中只显示了下一跳地址为192.168.1.1的路由条目，经由192.168.1.2的默认路由由于所配置的优先级低一些，在这里不显示。

```
HJ1#
HJ1#show ip route
Codes: C - connected, S - static, R - RIP, M - mobile, B - BGP
       D - EIGRP, EX - EIGRP external, O - OSPF, IA - OSPF inter area
       N1 - OSPF NSSA external type 1, N2 - OSPF NSSA external type 2
       E1 - OSPF external type 1, E2 - OSPF external type 2
       i - IS-IS, su - IS-IS summary, L1 - IS-IS level-1, L2 - IS-IS level-2
       ia - IS-IS inter area, * - candidate default, U - per-user static route
       o - ODR, P - periodic downloaded static route

Gateway of last resort is 192.168.1.1 to network 0.0.0.0

     172.16.0.0/24 is subnetted, 2 subnets
C       172.16.110.0 is directly connected, Vlan110
C       172.16.100.0 is directly connected, Vlan100
C    192.168.1.0/24 is directly connected, Vlan1
S*   0.0.0.0/0 [1/0] via 192.168.1.1
HJ1#
```

图 7 - 13   HJ1 交换机的路由表

查看 HJ3 交换机的路由表，其路由表如图 7 - 14 所示。从图中可以看出，虽然我们配置了两条默认路由，但路由表中只显示了下一跳地址为 192.168.1.2 的路由条目，经由 192.168.1.1 的默认路由由于所配置的优先级低一些，在这里不显示。

```
HJ3#
HJ3#show ip route
Codes: C - connected, S - static, R - RIP, M - mobile, B - BGP
       D - EIGRP, EX - EIGRP external, O - OSPF, IA - OSPF inter area
       N1 - OSPF NSSA external type 1, N2 - OSPF NSSA external type 2
       E1 - OSPF external type 1, E2 - OSPF external type 2
       i - IS-IS, su - IS-IS summary, L1 - IS-IS level-1, L2 - IS-IS level-2
       ia - IS-IS inter area, * - candidate default, U - per-user static route
       o - ODR, P - periodic downloaded static route

Gateway of last resort is 192.168.1.2 to network 0.0.0.0

     172.16.0.0/24 is subnetted, 2 subnets
C       172.16.230.0 is directly connected, Vlan230
C       172.16.220.0 is directly connected, Vlan220
C    192.168.1.0/24 is directly connected, Vlan1
S*   0.0.0.0/0 [1/0] via 192.168.1.2
HJ3#
```

图 7 - 14   HJ3 交换机的路由表

R1 的路由表如图 7 - 15 所示。其他设备的路由表在这里就不一一展示了，留给读者自行配置完后验证。

```
R1#show ip route
Codes: L - local, C - connected, S - static, R - RIP, M - mobile, B - BGP
       D - EIGRP, EX - EIGRP external, O - OSPF, IA - OSPF inter area
       N1 - OSPF NSSA external type 1, N2 - OSPF NSSA external type 2
       E1 - OSPF external type 1, E2 - OSPF external type 2
       i - IS-IS, su - IS-IS summary, L1 - IS-IS level-1, L2 - IS-IS level-2
       ia - IS-IS inter area, * - candidate default, U - per-user static route
       o - ODR, P - periodic downloaded static route, H - NHRP, l - LISP
       a - application route
       + - replicated route, % - next hop override

Gateway of last resort is 1.1.1.2 to network 0.0.0.0

S*     0.0.0.0/0 [1/0] via 1.1.1.2
       1.0.0.0/8 is variably subnetted, 2 subnets, 2 masks
C         1.1.1.0/24 is directly connected, Ethernet0/2
L         1.1.1.1/32 is directly connected, Ethernet0/2
       172.16.0.0/16 is variably subnetted, 4 subnets, 2 masks
C         172.16.1.0/24 is directly connected, Ethernet0/0
L         172.16.1.1/32 is directly connected, Ethernet0/0
C         172.16.2.0/24 is directly connected, Ethernet0/1
L         172.16.2.1/32 is directly connected, Ethernet0/1
R1#
```

图 7 - 15　R1 的路由表

4. 排错时的注意事项

(1)静态路由的配置都是双向的。在只有静态路由的情况下,配置了 A 网段到 B 网段的静态路由,也要同时配置 B 网段到 A 网段的静态路由,因为数据从 A 网段出发到 B 网段中的某台计算机后,该计算机要返回消息给 A 网段。A 网段要知道怎么去到 B 网段,B 网段也要知道怎么去到 A 网段。

在前一节的验证配置结果中,虽然 HJ1 交换机、C1、R1 都配置了默认路由,但 HJ1 交换机却 ping 不通 1.1.1.1,因为 R1 的路由表里没有到 HJ1 交换机所在网段 192.168.1.0 的路由条目,R1 找不到 192.168.1.0 网段的路由条目,只能通过默认路由出去,而默认路由是通往外网的。要让 HJ1 交换机能 ping 通 1.1.1.1,则需要在 R1 上加一条通往 192.168.1.0 网段的路由条目"ip route 192.168.1.0 255.255.255.0 172.16.1.2"。

(2)在广播式网络中,静态路由(包括默认路由)去往下一跳路由器只能配置下一跳路由的入口 IP 地址,不能写出路由器的接口名称。

(3)ip classless 的作用是启用无类别路由,即路由器在查找路由时,不按 IP 地址分类的 A 类、B 类、C 类地址查找,而是使用子网掩码进行匹配。在 Cisco IOS 11.3 后,默认开启了 ip classless 功能。

在执行"no ip classless"命令后,路由器在查找路由时按主类网络查找路由,如果路由表中有匹配的主类网络,则路由器不会再去匹配默认路由。这样会出现目的网络不可到达的情况。举例来说,在图 7 - 16 中,R1 和 R2 都执行了"no ip classless"命令关闭了无类别路由(并执行了 no ip cef 命令,关闭了快速转发),R1 和 R2 的路由表分别如图 7 - 17和图 7 - 18 所示。

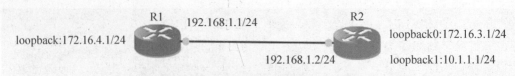

图 7 - 16   关闭无类别路由实验拓扑图

```
R1#show ip route
Codes: L - local, C - connected, S - static, R - RIP, M - mobile, B - BGP
       D - EIGRP, EX - EIGRP external, O - OSPF, IA - OSPF inter area
       N1 - OSPF NSSA external type 1, N2 - OSPF NSSA external type 2
       E1 - OSPF external type 1, E2 - OSPF external type 2
       i - IS-IS, su - IS-IS summary, L1 - IS-IS level-1, L2 - IS-IS level-2
       ia - IS-IS inter area, * - candidate default, U - per-user static route
       o - ODR, P - periodic downloaded static route, H - NHRP, l - LISP
       + - replicated route, % - next hop override

Gateway of last resort is 192.168.1.2 to network 0.0.0.0

S*     0.0.0.0/0 [1/0] via 192.168.1.2
       172.16.0.0/16 is variably subnetted, 2 subnets, 2 masks
C         172.16.4.0/24 is directly connected, Loopback0
L         172.16.4.1/32 is directly connected, Loopback0
       192.168.1.0/24 is variably subnetted, 2 subnets, 2 masks
C         192.168.1.0/24 is directly connected, Ethernet0/0
L         192.168.1.1/32 is directly connected, Ethernet0/0
R1#
```

图 7 - 17   R1 的路由表

```
R2#show ip route
Codes: L - local, C - connected, S - static, R - RIP, M - mobile, B - BGP
       D - EIGRP, EX - EIGRP external, O - OSPF, IA - OSPF inter area
       N1 - OSPF NSSA external type 1, N2 - OSPF NSSA external type 2
       E1 - OSPF external type 1, E2 - OSPF external type 2
       i - IS-IS, su - IS-IS summary, L1 - IS-IS level-1, L2 - IS-IS level-2
       ia - IS-IS inter area, * - candidate default, U - per-user static route
       o - ODR, P - periodic downloaded static route, H - NHRP, l - LISP
       + - replicated route, % - next hop override

Gateway of last resort is 192.168.1.1 to network 0.0.0.0

S*     0.0.0.0/0 [1/0] via 192.168.1.1
       10.0.0.0/8 is variably subnetted, 2 subnets, 2 masks
C         10.1.1.0/24 is directly connected, Loopback1
L         10.1.1.1/32 is directly connected, Loopback1
       172.16.0.0/16 is variably subnetted, 2 subnets, 2 masks
C         172.16.3.0/24 is directly connected, Loopback0
L         172.16.3.1/32 is directly connected, Loopback0
       192.168.1.0/24 is variably subnetted, 2 subnets, 2 masks
C         192.168.1.0/24 is directly connected, Ethernet0/0
L         192.168.1.2/32 is directly connected, Ethernet0/0
R2#
```

图 7 - 18   R2 的路由表

服务外包产教融合系列教材

R1 ping 10.1.1.1 能通，但是 ping 172.16.3.1 不通。能 ping 通 10.1.1.1，其原因是 R1 在 ping 10.1.1.1 时，路由器发现目的地址属于 A 类网络 10.0.0.0 网段，然后查找路由表，没有找到 A 类网络 10.0.0.0 网段的路由条目，于是就把它交给默认路由处理，所以能通。不能 ping 通 172.16.3.1，其原因为 R1 在 ping 172.16.3.1 时，路由器发现目的地址是 B 类网络 172.16.0.0 网段，路由表中有 172.16.0.0 主网段，接着路由器到此网段范围内查找路由，最后匹配不到相应的路由而丢弃，所以 ping 不通。

总的来说，关闭 ip classless 后，路由器首先找目的地址所属的 A、B、C 类网段，这会出现两种结果：

①若找到目的地址隶属的标准网段，就局限于此标准网段，看里面是否有符合目的地址的路由条目，符合则按路由条目转发，不符合则丢弃，不会再继续匹配后续路由，也不会使用默认路由。

②若找不到目的地址所属的标准网段，就会使用默认路由，若没有默认路由，则丢弃。

8 距离矢量路由协议

8.1 路由信息协议

8.1.1 路由信息协议概述

路由信息协议(RIP, Routing Information Protocols)是应用非常广泛的距离矢量路由协议，其配置方法和实现原理都非常简单。RIP 用两种数据包传输更新：更新报文和请求报文。每个有 RIP 功能的路由器默认情况下每隔 30s 利用 UDP 520 端口向与其直连的邻居广播(RIPv1)或组播(RIPv2)路由更新，收到更新的路由器通过比较后将较优的路由信息添加至自身的路由表中。每个路由器都这样传递信息，最终网络上所有的路由器都会学习到全网的路由信息。然而，在路由器不知道整个网络拓扑结构的情况下，路由器必须依靠相邻的路由器来获得网络的可达信息。如果路由更新在网络上传播慢，将导致网络收敛较慢，造成路由环路。为了避免路由环路，RIP 采用水平分割、毒性逆转、定义最大跳数、触发更新、抑制计时 5 种机制来避免。

1. 水平分割

水平分割保证路由器记住每条路由信息的来源，并且不在收到这条信息的端口上再次发送它。

2. 毒性逆转

当一条路由信息无效后，路由器并不立即将它从路由表中删除，而是将路由条目的度量值标记为 16 跳(16 跳为不可到达的度量值)广播出去。这样可以立即清除相邻路由器之间的任何环路。

3. 定义最大跳数

RIP 的度量是基于跳数的。每经过一台路由器，路径的跳数加一。RIP 支持的最大跳数为 15，RIP 算法会优先选择跳数少的路径。

4. 触发更新

当路由表发生变化时，更新报文立即广播给所有的邻居路由器，而不是等待 30s 的更新周期。当一台路由器收到邻居的请求报文时也立即应答一个更新报文。这样，网络拓扑的变化会最快地在网络上传播，减少路由环路的产生。

5. 抑制计时

一条路由信息无效后，在一定时间内不再接收关于同一目的地址的路由更新，除非有更好的路径(跳数相比存在的路由条目跳数要少)。

RIP 有以下一些主要特征：

（1）它是距离矢量路由协议。

（2）它以到目的网络的最小跳数为度量值，不考虑链路的性能。

（3）RIP 最大跳数为 15 跳，超过 15 跳则认为不可到达。因此 RIP 适合小型网络。

（4）RIP v1 采用广播方式（255.255.255.255）进行路由更新；RIP v2 采用组播方式（224.0.0.9）进行路由更新。

（5）路由更新周期为 30s，RIP 路由协议的管理距离为 120。

（6）RIP v1 是有类路由协议，不支持不连续子网设计，不支持可变长子网掩码（VLSM，Variable Length Subnetwork Mask）。RIP v2 是无类路由协议，通告路由时携带子网信息，支持 VLSM。

8.1.2 RIP 认证

RIP v1 不支持认证。

RIP v2 支持明文认证和 MD5 加密认证两种类型。在配置认证时需在相应的接口进行配置，认证模式和认证密钥需与对方路由器配置一致。明文认证认证时发送的是密钥明文，MD5 认证时发送的是由密钥产生的消息摘要。

8.1.3 自动汇总

RIP v2 中，默认情况下路由器会将路由条目自动汇总成有类网络地址。其自动汇总条件为：如果某个端口上通告的一条路由与这个端口的有类网络地址不一样，那么被通告的网络所有子网将作为一个有类网络被通告。如图 8-1 所示，路由器 R2 的 F0/0 接口连接 172.30.3.0/24 网段，S0/0/0 接口连接 172.30.2.0/24 网段，路由器 R2 在 S0/0/1 接口上通告 172.30.3.0/24 网段和 172.30.2.0/24 网段路由时，所通告的路由与 S0/0/1 接口 IP 地址的有类网络地址不一样，R2 路由器则将 172.30.3.0/24 和 172.30.2.0/24 网络地址汇总成有类地址 172.30.0.0/16 进行通告。

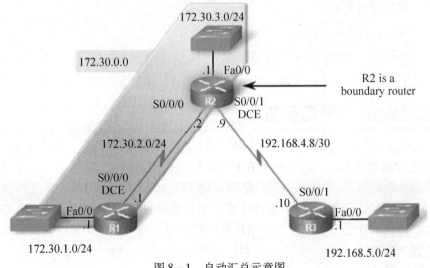

图 8-1 自动汇总示意图

8.1.4　RIP 的基本配置

（1）启动 RIP 路由协议：

```
Router(config)#router rip
```

（2）声明版本号：

```
Router(config-router)#version 2        //如果不需指定为 v2 版本则不用声明
```

（3）启用参与路由协议的接口并通告网络：

```
Router(config-router)#network A.B.C.D
//A.B.C.D 为被通告的网络地址
```

（4）关闭自动汇总：

```
Router(config-router)#no auto-summary
```

（5）配置认证：

```
Router(config)#key chain XX         //XX 为密钥链名
Router(config-keychain)#key N       // N 为密钥 ID 号
Router(config-keychain-key)#key-string password    //password 为密钥
```

进入接口配置认证：

```
Router(config-if)#ip rip authentication mode md5
//默认为明文认证,此处设置为 md5 认证
Router(config-if)#ip rip authentication key-chain XX
//在接口上指定密钥链,XX 为密钥链名
```

（6）配置被动接口：

被动接口指在路由器的某个接口上只接收路由更新而不发布路由更新，这样可以减少末端路由器的路由条目。

```
Router(config)#router rip
Router(config-router)#passive-interface IF  //IF 为接口
```

8.2　项目实施：RIP 的配置

1. 发包方项目需求

网络拓扑图如图 1-8 所示，用户子网采用 172.16.X.Y/24 网段，骨干网设备之间采用 192.168.1.X/24 网段。路由设备数量不多且路由设备内存和计算能力有限时，要求采用 RIP 协议。在安全方面要防止用户私接路由设备连接网络，最终达到网络内的各个子网连通的效果。

2. 接包方项目分析

(1)路由设备数量没有超过 15 台，可以采用 RIP 协议。

(2)用户终端网络地址为 172.16.X.0/24，是 B 类地址划分的子网。各个路由设备之间的骨干网采用的网络地址是 192.168.1.0/24，网络地址不连续且有子网划分，因此需要采用 RIP v2 且关闭自动汇总功能。

(3)防止用户私接路由设备运行 RIP 协议扰乱正常的网络路由条目，因此各个路由器需配置 RIP 邻居认证，同时 RIP 邻居认证采用 MD5 认证以防止认证的密码被监听。

(4)出口路由器 R1 负责连接外网，不必向内网发布路由信息，因此出口路由器 R1 连接内网的两个端口可以配置成被动接口，只接受路由更新而不发布路由更新。

3. 项目配置实施

RIP 实施技术参考 RFC2453 文档。

(1)配置相关路由设备的 RIP 路由协议。R1 路由器的配置：

```
R1(config)#router rip        //启动 RIP 协议进程
R1(config-router)#version 2       //设置 RIP 协议版本为第 2 版本
R1(config-router)#no auto-summary     //关闭自动汇总功能
R1(config-router)#network 172.16.1.0    //声明参与路由的网络号
R1(config-router)#network 172.16.2.0
R1(config-router)#passive-interface e0/0     //配置 E0/0 接口为被动接口
R1(config-router)#passive-interface e0/1     //配置 E0/1 接口为被动接口
```

C1 核心交换机的配置：

```
C1(config)#router rip
C1(config-router)#version 2
C1(config-router)#no auto-summary
C1(config-router)#network 192.168.1.0
C1(config-router)#network 172.16.1.0
C1(config-router)#network 172.16.3.0
```

C2 核心交换机的配置：

```
C2(config)#router rip
C2(config-router)#version 2
C2(config-router)#no auto-summary
C2(config-router)#network 192.168.1.0
C2(config-router)#network 172.16.2.0
C2(config-router)#network 172.16.3.0
```

HJ1 汇聚交换机的配置：

```
HJ1(config)#router rip
HJ1(config-router)#version 2
```

```
HJ1 (config - router)#no auto - summary
HJ1 (config - router)#network 192.168.1.0
HJ1 (config - router)#network 172.16.100.0
HJ1 (config - router)#network 172.16.110.0
```

HJ2 汇聚交换机的配置：

```
HJ2 (config)#router rip
HJ2 (config - router)#version 2
HJ2 (config - router)#no auto - summary
HJ2 (config - router)#network 192.168.1.0
HJ2 (config - router)#network 172.16.200.0
HJ2 (config - router)#network 172.16.210.0
```

HJ3 汇聚交换机的配置：

```
HJ3 (config)#router rip
HJ3 (config - router)#version 2
HJ3 (config - router)#no auto - summary
HJ3 (config - router)#network 192.168.1.0
HJ3 (config - router)#network 172.16.220.0
HJ3 (config - router)#network 172.16.230.0
```

HJ4 汇聚交换机的配置：

```
HJ4 (config)#router rip
HJ4 (config - router)#version 2
HJ4 (config - router)#no auto - summary
HJ4 (config - router)#network 192.168.1.0
HJ4 (config - router)#network 172.16.240.0
HJ4 (config - router)#network 172.16.250.0
```

（2）配置各个路由器中 RIP 邻居的 MD5 认证。每个路由器的 RIP 邻居认证配置都相同，只是启用认证的接口不一样，以下用 R1 路由器的 E0/0 接口为例进行配置。

```
R1 (config)#key chain zwei1                      //建立名为 zwei1 的密钥链
R1 (config - keychain)#key 1                     //配置密钥编号为 1
R1 (config - keychain - key)#key - string cisco  //配置编号为 1 的密码为 cisco
R1 (config)#interface  e0/0
R1 (config - if)#ip rip authentication mode md5
//在接口上启用认证,认证模式为 MD5.认证模式默认为明文认证即"mode text"
R1 (config - if)#ip rip authentication key - chain zwei1   //在接口上调用密钥链
```

注意：所有需要进行 RIP 邻居认证的路由器的密钥链配置、认证模式、密码均需一致。

（3）验证调试：

```
R1#show ip route
Codes: L - local, C - connected, S - static, R - RIP, M - mobile, B - BGP
       D - EIGRP, EX - EIGRP external, O - OSPF, IA - OSPF inter area
       N1 - OSPF NSSA external type 1, N2 - OSPF NSSA external type 2
       E1 - OSPF external type 1, E2 - OSPF external type 2
       i - IS - IS, su - IS - IS summary, L1 - IS - IS level - 1, L2 - IS - IS level - 2
       ia - IS - IS inter area, * - candidate default, U - per - user static route
       o - ODR, P - periodic downloaded static route, H - NHRP, l - LISP
       a - application route
       + - replicated route, % - next hop override


Gateway of last resort is 1.1.1.2 to network 0.0.0.0


C        1.1.1.0/24 is directly connected, Ethernet0/2
L        1.1.1.1/32 is directly connected, Ethernet0/2
      172.16.0.0/16 is variably subnetted, 13 subnets, 2 masks
C        172.16.1.0/24 is directly connected, Ethernet0/0
L        172.16.1.1/32 is directly connected, Ethernet0/0
C        172.16.2.0/24 is directly connected, Ethernet0/1
L        172.16.2.1/32 is directly connected, Ethernet0/1
R        172.16.3.0/24 [120/1] via 172.16.2.2, 00:00:28, Ethernet0/1
                       [120/1] via 172.16.1.2, 00:00:10, Ethernet0/0
R        172.16.100.0/24 [120/2] via 172.16.2.2, 00:00:28, Ethernet0/1
                         [120/2] via 172.16.1.2, 00:00:10, Ethernet0/0
R        172.16.110.0/24 [120/2] via 172.16.2.2, 00:00:28, Ethernet0/1
                         [120/2] via 172.16.1.2, 00:00:10, Ethernet0/0
R        172.16.200.0/24 [120/2] via 172.16.2.2, 00:00:28, Ethernet0/1
                         [120/2] via 172.16.1.2, 00:00:10, Ethernet0/0
R        172.16.210.0/24 [120/2] via 172.16.2.2, 00:00:28, Ethernet0/1
                         [120/2] via 172.16.1.2, 00:00:10, Ethernet0/0
R        172.16.220.0/24 [120/2] via 172.16.2.2, 00:00:28, Ethernet0/1
                         [120/2] via 172.16.1.2, 00:00:10, Ethernet0/0
R        172.16.230.0/24 [120/2] via 172.16.2.2, 00:00:28, Ethernet0/1
                         [120/2] via 172.16.1.2, 00:00:10, Ethernet0/0
R        172.16.240.0/24 [120/2] via 172.16.2.2, 00:00:28, Ethernet0/1
                         [120/2] via 172.16.1.2, 00:00:10, Ethernet0/0
R        172.16.250.0/24 [120/2] via 172.16.2.2, 00:00:28, Ethernet0/1
                         [120/2] via 172.16.1.2, 00:00:10, Ethernet0/0
R     192.168.1.0/24 [120/1] via 172.16.2.2, 00:00:28, Ethernet0/1
                      [120/1] via 172.16.1.2, 00:00:10, Ethernet0/0
```

通过查看路由表，可以看到项目中的各个子网均有路由表相对应。某些子网有多条路径到达，即支持等价负载均衡。

```
R1#show ip protocols
Routing Protocol is "rip"
  Outgoing update filter list for all interfaces is not set
  Incoming update filter list for all interfaces is not set
  Sending updates every 30 seconds, next due in 20 seconds
  Invalid after 180 seconds, hold down 180, flushed after 240
  Default version control: send version 2, receive version 2
  Automatic network summarization is not in effect
  Maximum path: 4
  Routing for Networks:172.16.0.0
  Passive Interface(s):
    Ethernet0/0
    Ethernet0/1
  Routing Information Sources:
    Gateway         Distance      Last Update
    172.16.2.2      120           00:00:46
    172.16.1.2      120           00:00:47
  Distance: (default is 120)
```

从以上信息可以看出，路由器运行的是 RIP 协议，更新周期是 30s；RIP v2 版本只发送和接受版本 2 的路由更新（可以通过"ip rip send version"和"ip rip receive version"命令控制路由器接口上接收和发送更新的版本）；自动汇总功能没有开启；Ethernet0/0 和 Ethernet0/1 是被动接口；支持最大的等价负载均衡路径（Maximum path）是 4 条。

```
C1#show ip protocols
//……省略部分显示信息
  Interface        Send  Recv  Triggered RIP  Key-chain
  Ethernet1/0      2     2                    zwei1
  Vlan1            2     2                    zwei1
```

从以上信息可以看出，在 C1 路由器上的 Ethernet1/0 接口和 Vlan1 接口上启用了认证，Key-chain（密钥链）名为 zwei1。

```
R1#debug ip rip
RIP protocol debugging is on
R1#
* Oct 22 10:42:41.622: RIP: received packet with MD5 authentication
* Oct 22 10:42:41.622: RIP: received v2 update from 172.16.1.2 on Ethernet0/0
```

从 debug 信息可以看到路由器接口上接收和发送的路由条目信息。在此条 debug 信息中可以看到 R1 收到了 MD5 认证包，在 Ethernet0/0 上收到了来自 172.16.1.2 的路由更新。

注意：如果调试信息中显示"RIP: ignored v2 packet from 172.16.1.2（invalid

authentication)"，则表示认证不通过，需检查双方的配置。

4. 排错时的注意事项

（1）注意 RIP 的版本问题。RIP v1 不支持不连续的子网，也不支持 VLSM；RIP v2 默认只接收和发送 v2 版本更新。

（2）注意自动汇总问题。在不连续的子网中，RIP 会自动将子网汇总成有类网络通告出去，造成其他路由器丢弃此更新。在自动汇总没有关闭的情况下，图 8 - 2 中 R6 不会接受 R4 通告的 10.0.0.0/8 网段的路由条目，因为 R6 认为 10.0.0.0/8 网段是它的直联网段。同理，R5 也不会接受 R6 通告的 172.16.0.0/16 网段的路由条目。

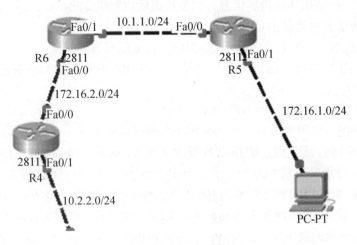

图 8 - 2 不连续子网拓扑

（3）认证问题。RIP v1 是不支持认证的。配置 RIP v2 认证时，邻居路由器的认证配置要一致，包括密钥、认证模式的配置。

（4）最优路径问题。RIP 是以跳数为度量值择优选择路径的，这样会导致跳数多而性能好的路径被 RIP 排除在外。

（5）水平分割问题。因水平分割原因，从一个接口进入的路由不会再从该接口发布出去，在非广播多路访问链路中，如帧中继，会导致收不到路由条目。

8.3 EIGRP 概述

增强内部网关路由协议（EIGRP，Enhanced Interior Gateway Routing Protocol）是 Cisco 公司的私有协议，不过 2013 年 Cisco 公司已将它公有化。EIGRP 结合了链路状态和距离矢量路由选择协议，采用弥散修正算法（DUAL）来实现快速收敛，可以不发送定期的路由更新信息以减少带宽的占用，支持 Appletalk、IP、Novell 和 NetWare 等多种网络层协议。

EIGRP 的主要特点如下：

（1）通过发送和接收 Hello 包来建立和维持邻居关系，并交换路由信息。

（2）采用组播（224.0.0.10）或单播进行路由更新。

（3）EIGRP 的管理距离为 90（同一个 EIGRP 进程内）或 170（外部路由重分布进来时）。

（4）采用触发更新，减少带宽占用。

（5）支持可变长子网掩码（VLSM），默认开启自动汇总功能。

（6）支持 IP、IPX 和 AppleTalk 等多种网络层协议。

（7）对每一种网络协议，EIGRP 都维持独立的邻居表、拓扑表和路由表。

（8）EIGRP 使用弥散修正算法（DUAL）来实现快速收敛并确保没有路由环路。

（9）存储整个网络拓扑结构的信息，以便快速适应网络变化。

（10）支持等价和非等价的负载均衡。

（11）使用可靠传输协议（RTP）保证路由信息传输的可靠性。

（12）无缝连接数据链路层协议和拓扑结构，EIGRP 不要求对 OSI 参考模型的二层协议进行特别的配置。

EIGRP 传送的数据包有五种类型：

（1）Hello 分组。以组播的方式发送，用于发现邻居路由器，并维持邻居关系。默认情况下，在 LAN 链路、点到点链路以及带宽高于 T1 的多点链路（如 ATM、多点帧中继）中，其 Hello 分组发送频率为 5s 一次，Hold time 时间为 15s；而在带宽低于 T1 的多点链路中，其 Hello 分组的发送频率为 60s 一次，Hold time 时间为 180s。

（2）更新。当路由器收到某个邻居路由器的第一个 Hello 包时，以单点传送方式回送一个包含它所知道的路由信息的更新包。当路由信息发生变化时，以组播的方式发送一个只包含变化信息的更新包。

（3）查询。当一条链路失效，路由器重新进行路由计算但在拓扑表中没有可行的后继路由时，路由器就以组播的方式向它的邻居发送一个查询包，以询问它们是否有到目的地的可行后继路由。

（4）应答。以单播的方式回传给查询方，对查询数据包进行应答。

（5）确认。以单播的方式传送，用来确认更新、查询、应答数据包，以确保更新、查询、应答传输的可靠性。

8.3.1　EIGRP 相关术语

1. 邻接

在刚启动的时候，路由器使用 Hello 包来发现邻居、标识自己并利用标识让邻居识别自己。当发现邻居以后，EIGRP 会在它们之间形成一种邻接关系。邻接是指在这两个邻居之间形成一条交换路由信息的虚链路。当邻接关系形成以后，它们之间就可以相互发送路由更新。这些更新包括路由器所知道的所有的链路及其度量。对于每个路由，路由器都会基于它邻居宣告的距离和到达那个邻居的链路的开销来计算出距离。

2. 度量值

EIGRP 使用带宽、延迟、可靠性、负载、最大传输单元这五个值来计算度量。默认情况下只有带宽和延迟起作用。度量值的计算公式为：

$$度量值 = 256 \times \left[k_1 \times \frac{10\,000\,000}{路径上的最低带宽} + k_2 \times \frac{10\,000\,000}{路径上的最低带宽 \times (256 - 负载)} + k_3 \times 所有延迟之和 \right] \times \frac{k_5}{可靠性 + k_4}$$

注意：各个 k 值为权重。在此公式中，带宽的单位为 kbps，延迟以 $10\mu s$ 为单位。如果结果有小数，则取整数。由于默认情况下 k_1 和 k_3 是 1，其他的 k 值都是 0，所以通常情况下度量值为

$$度量值 = 256 \times \left(\frac{10\,000\,000}{路径上的最低带宽} + 所有延迟之和 \right)$$

注意：如果 k_5 被设置为 0，则 $\dfrac{k_5}{可靠性 + k_4}$ 这一项将不适用。

3. 可行距离(FD, Feasible Distance)

到达一个目的地的最小度量值。

4. 通告距离(AD, Advertise Distance)

相邻路由器所通告的它自己到达某个目的地的最小度量值。

5. 可行条件

可行条件(FC, Feasible Condition)是 EIGRP 路由器更新路由表和拓扑表的依据。可行条件可以有效阻止路由环路。满足可行条件的要求是：通告距离小于可行距离，即 AD < FD。

6. EIGRP 后继

一个直接连接的邻居路由器，它满足可行条件，通过它具有到达目的地的最小度量值的路由器。后继路由器被用作下一跳来将报文转发到目的地。

7. 可行后继(Feasible Successor, FS)

一个邻居路由器，它满足 FC，是具有到达目的地第二低度量值的路由器。当 EIGRP 后继不可用时，FS 用来替代主路由，因而被保存在拓扑表中当作备用路由。

8. 活跃状态/主动路由(active state)

活跃状态是一种正在搜索 FS 的状态。当某个路由器丢失了 EIGRP 后继，并且没有 FS 可用时，该路由进入活跃状态，是一条不可用的路由。当一条路由处于活跃状态时，路由器向所有邻居发送查询寻找另外一条到达该目的地的路由。

9. 被动状态/被动路由(passive state)

被动状态是一种目前有正确的路由到达目的地的状态。当路由器失去了 EIGRP 后继而有一个 FS 时，或者再找到一个 EIGRP 后继时，该路由进入被动状态，是一条可用路由。

8.3.2   EIGRP 的运行过程

初始运行 EIGRP 的路由器要经历发现邻居、了解网络、选择路由的过程。在这个过程中将建立三张独立的表，即邻居表、拓扑结构表、路由表。当网络发生变化时就更新这三张表。

1. 建立相邻关系

运行 EIGRP 的路由器自开始运行起就不断地用组播地址 224.0.0.10 从参与 EIGRP 的各个接口向外发送 Hello 包。当路由器收到某个邻居路由器的第一个 Hello 包时，以单点传送方式回送一个更新包，在得到对方路由器对更新包的确认后，双方就建立了邻居关系。

2. 发现网络拓扑，选择最短路由

当路由器动态地发现了一个新邻居时，也获得了来自这个新邻居所通告的路由信息。路由器将获得的路由更新信息首先与拓扑表中所记录的信息进行比较，将符合可行条件的路由放入拓扑表，再将拓扑表中通过后继路由器的路由加入路由表。通过可行后继路由器的路由如果在所配置的非等成本路由负载均衡的范围内，则也加入路由表，否则，保存在拓扑表中作为备用路由。如果路由器通过不同的路由协议学到了到达同一目的地的多条路由，则比较路由的管理距离，管理距离最小的路由为最优路由。

3. 路由查询、更新

当路由信息没有变化时，EIGRP 邻居间只通过发送 Hello 包来维持邻居关系，以减少对网络带宽的占用。在发现一个邻居丢失、一条链路不可用时，EIGRP 会立即从拓扑表中寻找可行后继路由器，启用备用路由。如果拓扑表中没有后继路由器，由于 EIGRP 依靠它的邻居来提供路由信息，在将该路由置为活跃状态后，向所有邻居发送查询数据包。

如果某个邻居有一条到达目的地的路由，那么它将对这个查询进行答复，并且不再扩散这个查询，否则它将进一步向它自己的每个邻居查询。只有所有查询都得到答复后，EIGRP 才重新计算路由，选择新的后继路由器。

图 8 - 3 展示了 EIGRP 路由更新的过程。

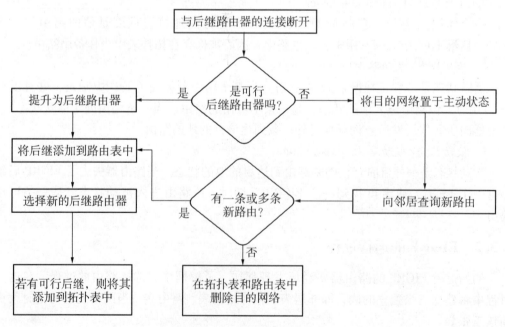

图 8 - 3　EIGRP 路由更新过程

8.3.3 EIGRP 的基本配置

(1)启动 EIGRP 路由协议:

```
Router(config)#router eigrp autonomous-system-number
```

autonomous-system-number 为 EIGRP 进程号,可以在 1-65535 中任意配置。EIGRP 进程号相当于区域号,是判别邻居的必要条件。也就是如果 EIGRP 进程号不同,邻居关系就无法建立,路由器之间也就无法相互发送路由信息及更新。

(2)启用参与路由协议的接口,并且通告网络。

```
Router(config-router)#network A.B.C.D[wildcard-mask]
```

A、B、C、D 为网络号,wildcard-mask 为这个网段的反掩码,即 255.255.255.255 减去其子网掩码。如果通告的网络地址是有类网络地址(A 类、B 类或 C 类网络,没有划分子网的网络),不写反码时则表示该网络所有的子网都加入 EIGRP 路由进程。

(3)关闭自动汇总:

```
Router(config-router)#no auto-summary
```

关闭自动汇总功能,默认开启。在不连续子网中需关闭自动汇总。

(4)非等价负载均衡的配置。当到达目的地有多条路径时,且有多条路径的 metric 值一样时,EIGRP 会让数据包通过多条链路均衡转发,这就是等价负载均衡;metric 值不一样时,EIGRP 会选一条最优路径到达目的地。当需要利用冗余链路提高网络利用率时,可以做非等价负载均衡,其配置命令如下:

```
Router(config-router) variance N
```

N 为 1~128 的数,表示可以接受的不等价链路的度量值的倍数,在这个范围内的链路都将被接受。如最优路由的度量值为 10240,当 N 为 2 时,则度量值在 10240 至 20480 之内的路由条目都可以被接受。默认情况下 N 为 1,即等价负载均衡。

(5)认证。EIGRP 认证仅支持 MD5 认证。配置 EIGRP 认证的步骤如下:

①定义密钥链的名字。

②定义密钥。

③在接口模式下启用认证,并指定要使用的密钥链。

具体配置命令为:

```
Router(config)#key chain name-of-chain
//name-of-chain 为密钥链的名字,每个路由器可以不一样
Router(config-keychain)#key key-id
//key-id 为密钥序号,每个路由器可以不一样
Router(config-keychain-key)#key-string text
//text 为认证密钥.互相认证的路由器认证密钥必须一样

Router(config)#interface if //进入某个接口,if 为接口名
```

```
Router(config-if)# ip authentication key-chain eigrp autonomous-system-
number name-of-chain
//autonomous-system-number 为 AS 区域号, name-of-chain 为密钥链名字,即在接
//口模式下启用某个 AS 的 EIGRP 认证,并指定要使用的密钥链
Router(config-if)# ip authentication mode eigrp autonomous-system-number
md5
//定义某个 AS 的 EIGRP 认证为 MD5 认证
```

8.4 项目实施：EIGRP 的配置

1. 发包方项目需求

随着网络的规模扩大，内网的路由设备有可能超过 16 台，局域网内的应用越来越依赖网络的性能。当网络因某个网段出现故障不联通的时候，网内业务需要路由器迅速找到另外一条路径到达目的网络，即对网络路由的收敛速度提出了要求，要求网络能够快速收敛，能根据网络性能选出最优路径。

2. 接包方项目分析

（1）网络中路由设备的数量有可能超过 16，不能用 RIP 协议。EIGRP 最多可以支持 255 个路由设备。RIP 根据跳数来选择路径，EIGRP 结合了链路状态和距离矢量来选择路径，因此 EIGRP 能选择到更优路径。

（2）网络性能要求在网络断开时能迅速找到到达目的地网络的新路径，整个网络要求能快速收敛。EIGRP 在计算路由时保存有可行后继邻居（备用路由器），在内部网关协议（RIP、EIGRP、OSPF）中，EIGRP 的收敛速度是最快的。

（3）可以减少路由器之间的路由相关信息的交换，从而提高网络性能，增加网络的有效数据传输效率。EIGRP 仅在路由路径或者度量值发生变化时才发送更新，更新中只包含已变化的链路信息，而不是整个路由表，可以减少带宽的占用。此外，还自动限制这些更新的传播，只将其传递给需要的路由器。因此，EIGRP 消耗的带宽少，可以提高网络利用率。

3. 项目配置实施

EIGRP 技术参考 RFC 7868。

（1）配置相关路由设备的 EIGRP 路由协议。C1 核心层配置：

```
C1(config)#router eigrp 100
//启用 EIGRP 进程,EIGRP 进程号为 100
C1(config-router)#network 172.16.1.0   0.0.0.255
//宣告 172.16.1.0/24 网络,注意后面配置反掩码
C1(config-router)#network 172.16.3.0   0.0.0.255
C1(config-router)#network 192.168.1.0
```

//宣告192.168.1.0/24网络.如果宣告的是主类地址,且不填写子网掩码反码,则表示这个主

//类地址的所有子网均被EIGRP进程宣告出去

C1(config-router)#no auto-summary　　//关闭自动汇总

C1(config-router)#exit

C1(config)#key chain zwei　　//配置认证密钥链

C1(config-keychain)#key 1

C1(config-keychain-key)#key-string sise

//配置认证密码.需注意的是,邻居之间的密码要一样

C1(config-keychain-key)#exit

C1(config-keychain)#exit

C1(config)#inter vlan 1

C1(config-if)#ip authentication key-chain eigrp 100 zwei

C1(config-if)#ip authentication mode eigrp 100 md5

//以上三条命令是配置VLAN1接口上的EIGRP认证.认证密钥链为zwei,认证模式采用MD5

//认证.其他接口上的EIGRP认证配置与VLAN1的EIGRP认证配置一样,这里略去

HJ1 路由器的配置:

HJ1(config)#router eigrp 100

//EIGRP进程号应与其他路由器的EIGRP进程号一致

HJ1(config-router)#network 172.16.0.0

//HJ1汇聚交换机连接了多个172.16.0.0网络的子网,此处宣告了172.16.0.0的主类网络,

//同时也把172.16.0.0网段的子网一并宣告出去了

HJ1(config-router)#network 192.168.1.0

HJ1(config-router)#no auto-summary

HJ1(config-router)#exit

HJ1(config)#key chain zwei

HJ1(config-keychain)#key 1

HJ1(config-keychain-key)#key-string sise

HJ1(config-keychain-key)#exit

HJ1(config-keychain)#exit

HJ1(config)#inter vlan 1

HJ1(config-if)#ip authentication key-chain eigrp 100 zwei

HJ1(config-if)#ip authentication mode eigrp 100 md5

//其他设备的配置类似,在此略去

（2）验证调试：

```
HJ1#show ip route
Codes: C - connected, S - static, R - RIP, M - mobile, B - BGP
       D - EIGRP, EX - EIGRP external, O - OSPF, IA - OSPF inter area
       N1 - OSPF NSSA external type 1, N2 - OSPF NSSA external type 2
       E1 - OSPF external type 1, E2 - OSPF external type 2
       i - IS - IS, su - IS - IS summary, L1 - IS - IS level - 1, L2 - IS - IS level - 2
       ia - IS - IS inter area, * - candidate default, U - per - user static route
       o - ODR, P - periodic downloaded static route

Gateway of last resort is not set

     172.16.0.0/24 is subnetted, 11 subnets
D        172.16.250.0 [90/30720] via 192.168.1.6, 00:32:04, Vlan1
D        172.16.240.0 [90/30720] via 192.168.1.6, 00:32:04, Vlan1
D        172.16.230.0 [90/30720] via 192.168.1.5, 00:32:00, Vlan1
D        172.16.220.0 [90/30720] via 192.168.1.5, 00:32:00, Vlan1
D        172.16.210.0 [90/30720] via 192.168.1.4, 00:32:04, Vlan1
D        172.16.200.0 [90/30720] via 192.168.1.4, 00:32:04, Vlan1
D        172.16.1.0 [90/284160] via 192.168.1.1, 00:32:04, Vlan1
D        172.16.2.0 [90/284160] via 192.168.1.2, 00:32:17, Vlan1
D        172.16.3.0 [90/284160] via 192.168.1.2, 00:32:31, Vlan1
                   [90/284160] via 192.168.1.1, 00:32:31, Vlan1
C        172.16.110.0 is directly connected, Vlan110
C        172.16.100.0 is directly connected, Vlan100
C        192.168.1.0/24 is directly connected, Vlan1
```

从路由表可以发现：EIGRP 路由条目用字母"D"表示，C1 通过 EIGRP 路由协议学到了所有网段的路由条目，管理距离是 90（如果通过重分布方式进入 EIGRP 网络的路由条目默认管理距离是 170，路由代码用"D EX"表示）。

对于 EIGRP 度量值的计算我们以"D　172.16.250.0 [90/30720] via 192.168.1.6，00：32：04，Vlan 1"为例来计算。Vlan1 接口的带宽为 100Mbps，根据表 8 − 1 可知 100Mbps 带宽延迟为 100μs，则到 172.16.250.0 网段路径上的延迟总和为 200μs，按照公式计算可得：

$$度量值 = 256 \times (10\,000\,000/100\,000 + 200/10) = 256 \times 120 = 30\,720$$

计算得到的度量值与路由表中的一致。

表 8 − 1　带宽延迟表

介质	延迟/μs	介质	延迟/μs
100M ATM	100	FDDI	100
快速以太网	100	16M 令牌环	630
以太网	1000	T1（串行默认）	20 000
512K	20 000		

注意：接口的带宽和延迟可以通过"show interface"查看。如查看 VLAN 1 接口的信息如下：

```
HJ1#show interfaces vlan 1
Vlan1 is up, line protocol is up
  Hardware is EtherSVI, address is cc05.0619.0000 (bia cc05.0619.0000)
  Internet address is 192.168.1.3/24
  MTU 1500 bytes, BW 100000 Kbit, DLY 100 usec,
//MTU 1500B,带宽100Mbps,延迟100μs
  reliability 255/255, txload 1/255, rxload 1/255
  Encapsulation ARPA, loopback not set
  ARP type: ARPA, ARP Timeout 04:00:00
  Last input 00:00:00, output never, output hang never
  Last clearing of "show interface" counters never
  Input queue: 0/75/0/0 (size/max/drops/flushes); Total output drops: 0
  Queueing strategy: fifo
  Output queue: 0/40 (size/max)
  5 minute input rate 0 bits/sec, 1 packets/sec
  5 minute output rate 0 bits/sec, 0 packets/sec
     409 packets input, 47009 bytes, 0 no buffer
     Received 317 broadcasts, 0 runts, 0 giants, 0 throttles
     0 input errors, 0 CRC, 0 frame, 0 overrun, 0 ignored
     159 packets output, 17087 bytes, 0 underruns
     0 output errors, 1 interface resets
     0 output buffer failures, 0 output buffers swapped out
```

查看路由协议相关信息：

```
HJ1#show ip protocols
Routing Protocol is "eigrp 100"
  Outgoing update filter list for all interfaces is not set
  Incoming update filter list for all interfaces is not set
  Default networks flagged in outgoing updates
  Default networks accepted from incoming updates
  EIGRP metric weight K1 =1, K2 =0, K3 =1, K4 =0, K5 =0
//默认的 K 值
  EIGRP maximum hopcount 100
  EIGRP maximum metric variance 1
//默认为等价负载均衡,当 variance 值不为 1 时则为非等价负载均衡
  Redistributing: eigrp 100
  EIGRP NSF - aware route hold timer is 240s
  Automatic network summarization is not in effect
  Maximum path: 4
```

```
// 默认最大的负载均衡路径条数
  Routing for Networks:
    172.16.0.0
    192.168.1.0
  Routing Information Sources:
    Gateway          Distance        Last Update
    192.168.1.1       90             00:04:18
    192.168.1.2       90             00:04:18
    192.168.1.5       90             00:04:16
    192.168.1.4       90             00:04:18
    192.168.1.6       90             00:04:15
  Distance: internal 90 external 170
```

查看邻居：

```
HJ1#show ip eigrp neighbors
IP - EIGRP neighbors for process 100
H   Address        Interface   Hold    Uptime      SRTT   RTO    Q Cnt   Seq
                               (sec)               (ms)                   Num
4   192.168.1.5    Vl1         10      00:05:32    70     420    0       21
3   192.168.1.6    Vl1         14      00:05:32    71     426    0       19
2   192.168.1.1    Vl1         14      00:05:32    294    1764   0       40
1   192.168.1.4    Vl1         13      00:05:32    182    1092   0       19
0   192.168.1.2    Vl1         11      00:05:32    153    918    0       36
```

输出的信息中，各字段的含义如下：

H：与邻居建立会话的顺序。

Address：邻居路由器的接口地址。

Interface：本地接口。

Hold：认为邻居关系不存在所能等待的最大时间。

Uptime：从邻居关系建立到目前的时间。

SRTT：向邻居路由器发送一个数据包以及本路由器收到确认包的时间。

RTO：路由器在重传之前等待 ACK 的时间。

Q Cnt：等待发送的队列。

Seq Num：从邻居收到的数据包的序号。

查看 EIGRP 协议下的各接口状态：

```
HJ1#show ip eigrp interfaces
IP - EIGRP interfaces for process 100
                      Xmit Queue    Mean    Pacing Time    Multicast    Pending
Interface   Peers   Un/Reliable    SRTT    Un/Reliable    Flow Timer   Routes
Vl100       0       0/0            0       0/1            0            0
Vl110       0       0/0            0       0/1            0            0
Vl1         5       0/0            154     0/1            708          0
```

输出信息各个字段的含义如下：

Interface：运行 EIGRP 的接口。

Peers：该接口的邻居个数。

Xmit Queue Un/Reliable：在不可靠/可靠队列中存留的数据包的数量。

Mean SRTT：平均往返时间，单位是秒。

Pacing Time Un/Reliable：不可靠/可靠队列中数据包被送出接口的时间间隔。

Multicast Flow Timer：组播数据包被发送前最长的等待时间。

Pending Routes：在传送队列中等待被发送的数据包携带的路由条目。

查看运行 EIGRP 协议的路由器所保存的网络拓扑：

```
HJ1#show ip eigrp topology
IP-EIGRP Topology Table for AS(100)/ID(192.168.1.3)

Codes: P-Passive, A-Active, U-Update, Q-Query, R-Reply,
       r-reply Status, s-sia Status

P 172.16.250.0/24, 1 successors, FD is 30720
        via 192.168.1.6 (30720/28160), Vlan1
P 172.16.240.0/24, 1 successors, FD is 30720
        via 192.168.1.6 (30720/28160), Vlan1
P 172.16.230.0/24, 1 successors, FD is 30720
        via 192.168.1.5 (30720/28160), Vlan1
P 172.16.220.0/24, 1 successors, FD is 30720
        via 192.168.1.5 (30720/28160), Vlan1
P 192.168.1.0/24, 1 successors, FD is 28160
        via Connected, Vlan1
P 172.16.210.0/24, 1 successors, FD is 30720
        via 192.168.1.4 (30720/28160), Vlan1
P 172.16.200.0/24, 1 successors, FD is 30720
        via 192.168.1.4 (30720/28160), Vlan1
P 172.16.1.0/24, 1 successors, FD is 284160
        via 192.168.1.1 (284160/281600), Vlan1
P 172.16.2.0/24, 1 successors, FD is 284160
        via 192.168.1.2 (284160/281600), Vlan1
P 172.16.3.0/24, 2 successors, FD is 284160
        via 192.168.1.1 (284160/281600), Vlan1
        via 192.168.1.2 (284160/281600), Vlan1
P 172.16.110.0/24, 1 successors, FD is 28160
        via Connected, Vlan110
P 172.16.100.0/24, 1 successors, FD is 28160
        via Connected, Vlan100
```

在以上输出中：

P 代表 passive，表示网络处于收敛的稳定状态。

A 代表 active，表示路由暂时不可用，正处于发送查询状态。

"Via 192.168.1.6（30720/28160），Vlan1"中，"30720"表示可行距离，即到达目的网络的最小度量值；"28160"表示通告距离，即邻居路由器所通告的它到目的网络的最小度量值。

4. 排错时的注意事项

邻居关系不能建立的可能原因有：认证不通过；EIGRP 进程号不同；计算度量值的 k 值不一样。在路由模式下，通过"Metric weight Tos k_1 k_2 k_3 k_4 k_5"命令更改 eigrp 的 k 值。默认情况下 Tos 为 0。

在不确定错误时，可以用 show 命令查看接口、协议、邻居、拓扑结构等各种信息。

9 OSPF

9.1 OSPF 概述

开放式最短路径优先(OSPF, Open Shortest Path First)是一个内部网关协议,用在单一自治系统(AS, Autonomous System)内决策路由,是对链路状态路由协议的一种实现,使用 Dijkstra 算法计算最短路径树。OSPF 分为 OSPF v2 和 OSPF v3 两个版本,其中 OSPF v2 用在 IPv4 网络, OSPF v3 用在 IPv6 网络。

OSPF 协议的基本思想是,通过在各台路由器之间进行链路状态的传播达到路由信息的全网可达,最终实现路由消息动态的发现、传播、同步和计算。OSPF 路由器不是告知其他路由器可以到达哪些网络及其距离,而是告知其他路由器网络的链路状态,这些接口所连的网络及使用这些接口的代价。初始时各台路由器都有其自身的链路状态,称为本地链路状态。这些本地链路状态在 OSPF 路由域内传播,直到所有的 OSPF 路由器都有完整而等同的链路状态数据库为止。一旦每台路由器都接收到所有的链路状态,每个路由器根据 Dijkstra 算法构造一棵树,以它自己为根,而分支表示到 AS 中所有网络代价最小的路由。

OSPF 特性如下:

(1)能够适应大型网络,快速收敛。

(2)能够正确处理错误路由信息。

(3)使用区域,能够减少单台路由器的 CPU 负担,构成层次化的网络,提供路由分级管理。

(4)无类别的路由协议,支持 CIDR 和 VLSM。

(5)采用开销(cost)作为度量标准,支持多条路径的等价负载均衡。

(6)OSPF 路由器之间使用组播地址通信。

(7)支持简单认证和 MD5 认证。

9.2 OSPF 常用术语

(1)链路。链路就是路由器用来连接网络的接口。

(2)链路状态。就是 OSPF 接口上的描述信息,例如接口上的 IP 地址、子网掩码、网络类型和 Cost 值等。OSPF 路由器之间交换的并不是路由表,而是链路状态。OSPF 通过获得网络中所有的链路状态信息，从而计算出到达每个目标的精确网络路径。OSPF 路由器会将自己所有的链路状态毫无保留全部发给邻居。邻居将收到的链路状态全部放入链路状态数据库，再发给自己的所有邻居，并且在传递过程中绝对不会有任何更改。通过这样的过程，最终网络中所有的 OSPF 路由器都拥有网络中所有的链路状态，并且所有路由器的链路状态都能描绘出相同的网络拓扑。

（3）链路状态通告（LSA，Link - State Advertisement）。描述路由器的本地链路状态，通过该通告向整个 OSPF 区域扩散。

（4）区域。由于 OSPF 路由器之间会将所有的链路状态相互交换，毫无保留，当网络规模达到一定程度时，链路状态将形成一个庞大的数据库，势必会给 OSPF 计算带来巨大的压力。为了降低 OSPF 计算的复杂程度，缓解计算压力，OSPF 采用分区域计算，将网络中所有 OSPF 路由器划分成不同的区域，每个区域负责各自区域精确的链路状态传递与路由计算，然后再将一个区域的链路状态简化和汇总之后转发到另外一个区域。这样一来，在区域内部，拥有网络精确的链路状态；而在不同区域，则传递简化的链路状态。区域的划分为了能够尽量设计成无环网络，所以应采用 Hub - Spoke 的拓扑结构，也就是采用核心与分支的拓扑，如图 9 - 1 所示。

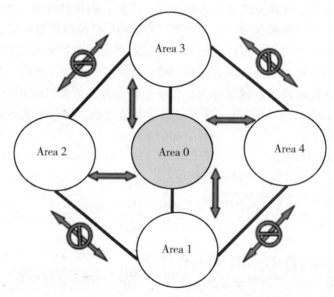

图 9 - 1　OSPF 区域示意

区域的命名可以采用整数，如 1，2，3，4，…也可以采用 IP 地址的形式，如 0.0.0.1，0.0.0.2，因为采用了 Hub - Spoke 的架构，所以必须定义出一个核心，然后其他部分都与核心相连。OSPF 的区域 0 就是所有区域的核心，称为 BackBone 区域（骨干区域），而其他区域称为 Normal 区域（常规区域）。在理论上，所有的常规区域应该直接和骨干区域相连，常规区域只能和骨干区域交换 LSA，常规区域与常规区域之间即使直连也无法互换 LSA。如图 9 - 1，Area 1、Area 2、Area 3、Area 4 只能和 Area 0 互换 LSA，然后再由 Area 0 转发，Area 0 就像中转站，两个常规区域需要交换 LSA，只能先交给 Area 0，再由 Area 0 转发。而常规区域之间无法互相转发。

OSPF 区域是基于路由器的接口划分的，而不是基于整台路由器划分的。一台路由器可以属于单个区域，也可以属于多个区域。

（5）自治系统 AS。采用同一种路由协议交换路由信息的路由器及其网络构成一个自治系统。

（6）开销（cost）。描述从接口发送数据包所需要的代价。带宽越大开销越小，其计算公式为 10^8/带宽，带宽单位为 bit/s。例如，一个 100 Mbit/s 的接口，cost 值为 100 000 000 /100 000 000 = 1。因为 cost 值必须为整数，所以即使是一个 1000 Mbit/s（1 GBit/s）的接口，cost 值和 100 Mbit/s 一样，为 1。如果路由器要经过两个接口才能到达目标网络，那么两个接口的 cost 值要累加起来才算是到达目标网络的 Metric 值。所以 OSPF 路由器计算到达目标网络的 Metric 值，必须将沿途中所有接口的 cost 值累加起来。在累加时，同 EIGRP 一样，只计算出口，不计算入口。

OSPF 会自动计算接口上的 cost 值。但也可以通过手工指定该接口的 cost 值，手工指定的 cost 值优先于自动计算的值。到达目标相同 cost 值的路径，可以执行负载均衡。最多 6 条链路同时执行负载均衡。

（7）邻接（Adjacency）。邻接关系是路由器之间以交换路由信息为目的而建立起来的一种关系。两台 OSPF 路由器能够形成邻居，但并不一定能相互交换 LSA。只要能交换 LSA，则称为邻接。邻居之间只交换 Hello 包，而邻接之间不仅交换 Hello 包，还要交换 LSA。邻接可以在点对点连接的两个路由器之间形成，也可在广播或 NBMA 网络的指定路由器和非指定路由器之间形成，还可以在备份指定路由器和非指定路由器之间形成。

（8）邻居。OSPF 只有邻接状态才会交换 LSA。路由器会将链路状态数据库中所有的内容毫无保留地发给所有邻居。要想在 OSPF 路由器之间交换 LSA，必须先形成 OSPF 邻居。OSPF 邻居靠发送 Hello 包来建立和维护。Hello 包会在启动了 OSPF 的接口上周期性地发送。在不同的网络中，发送 Hello 包的间隔也会不同，当超过 4 倍的 Hello 时间，也就是 Dead 时间过后还没有收到邻居的 Hello 包，邻居关系将被断开。

（9）链路状态数据库。也被称为拓扑结构数据库，描述网络的拓扑结构。链路状态数据库包含了网络中所有路由器的链路状态信息。在一个区域内的所有路由器有着相同的链路状态数据库。

（10）转发数据库。即路由表，是每个路由器根据自己所保存的链路状态数据库运行 SPF 算法得出的路由条目。每台路由器的路由表都是不一样的。

（11）路由器 ID。用于标识每个路由器的一组 32 位数。通常将最大的 IP 地址分配为路由器 ID。如果在路由器上使用了回送接口，则路由器 ID 是回送接口的最大 IP 地址，不管物理接口的 IP 地址。

每台 OSPF 路由器都有唯一的路由器 ID。路由器 ID 使用 IP 地址的形式来表示。确定路由器 ID 的顺序为：

①通过路由器 ID 命令指定的路由器 ID 优先级最高。

②没有手工指定，则路由器上活动 Loopback 接口中 IP 地址最大的，也就是数字最大的为路由器 ID，如 C 类地址优先于 B 类地址。一个非活动接口的 IP 地址是不能被选为路由器 ID 的。

③如果没有活动的 Loopback 接口，则选择活动物理接口 IP 地址最大的。

路由器 ID 只在 OSPF 启动时计算，或者重置 OSPF 进程后计算。

（12）指定路由器（DR，Designated Router）。在广播和 NBMA 网络中，指定路由器用于向公共网络传播链路状态信息。

（13）备份指定路由器（BDR，Backup Designated Router）。在 DR 故障时，接替 DR 的路由器。

（14）自治系统边界路由器（ASBR，Autonomous System Border Router）。一台 OSPF 路由器，但它连接到另一个 AS，或者在同一个 AS 的网络区域中运行不同于 OSPF 的另外一种内部网关协议的路由器。

（15）外部路由。从另一个 AS 或另一个路由协议得知的路由，可以作为外部路由放到 OSPF 中。

9.3 邻居关系、邻接关系的形成

9.3.1 OSPF 网络类型

根据路由器所连接的物理网络不同，OSPF 将网络主要划分为四种类型：广播多路访问（BMA，Broadcast Multi Access）、非广播多路访问（NBMA，None Broadcast Multi Access）、点到点型（Point－to－Point）、点到多点型（Point－to－Multipoint）。每种网络类型选举 DR 的要求都不一样，如表 9－1 所示。

表 9－1　OSPF 网络类型

网络类型	举例	是否选举 DR
广播多路访问	以太网、FDDI	要求 DR 和 BDR 选举
非广播多路访问	帧中继、X.25	选举复杂
点到点	PPP，HDLC	无须 DR 和 BDR 选举
点到多点	多个点到点链路的集合	无须 DR 和 BDR 选举

9.3.2 Hello 协议

在网络中，OSPF 路由器可以周期性地发送 Hello 包来建立和维持邻接关系。当

Hello 包中的几个字段的内容一致时，相邻的 OSPF 路由器才有可能形成邻居关系，邻居保存在邻居表里。Hello 协议有以下作用：

(1) 用来发现和维持邻居关系。

(2) Hello 包里包含了多个需要 OSPF 路由器协商的参数，用来形成邻居关系。

(3) 用来选举 DR 和 BDR。

9.3.3 选举 DR 和 BDR

OSPF 路由器在和别的路由器交换信息之前，首先要让本网络的路由器知道自己的存在。OSPF 路由器通过向各个相邻的路由器发送 Hello 报文通知它们自己的存在。当这台路由器发现相邻路由器，相邻路由器也发现它时，那么这两台路由器之间就建立了邻居关系，如图 9 - 2 所示。当各台路由器之间建立了邻居关系，就开始考虑要在它们之间交换链路状态信息。但是，如果所有的邻居之间都交换信息的话，网络流量将会显著增大。考虑到这点，在广播型和非广播多点可达(NBMA)类型网络中，通过一定的协商机制选举出优先权最大的路由器担任指定路由器(DR)，同时也选举出备份指定路由器(BDR)，其余路由器称为 DROTHER。选举完成后，DROTHER 只和 DR/BDR 形成邻接关系，各 DROTHER 之间不建立邻接关系，如图 9 - 3 所示。224.0.0.5 是 DROTHER 接收更新的组播地址，224.0.0.6 是 DR/BDR 接收更新的组播地址。DROTHER 向 224.0.0.6 发送自己的 LSU，DR/BDR 收到此 LSU 汇总后，向 224.0.0.5 发送 LSU，从而扩散到所有 DROTHER 路由器上。

具有最高 OSPF 优先级的路由器被选为 DR。如果 OSPF 优先级相同，则具有最高路由器 ID 的路由器被选为 DR。

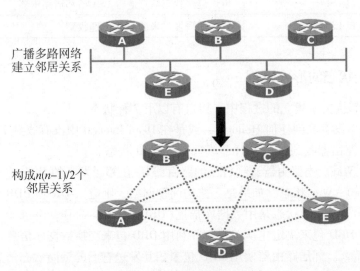

图 9 - 2　广播多路网络邻居关系

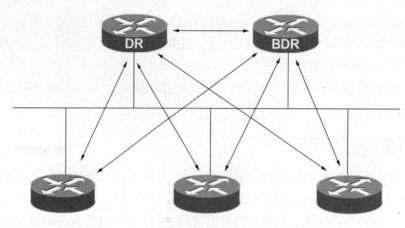

图 9 - 3 其他路由器与 DR/BDR 邻接关系图

9.3.4 OSPF 协议的 5 种数据包

OSPF 路由协议依靠 5 种不同的数据包来识别它们的邻居，并更新链路状态信息。这 5 种数据包如表 9 - 2 所示。

表 9 - 2 OSPF 协议的 5 种数据包

包类型	描　述
Hello 包	用于邻居路由器之间建立和维护邻接关系
数据库描述包 DBD	描述每台 OSPF 路由器的链路状态数据库的内容
链路状态请求包 LSR	请求链路状态数据库的部分内容
链路状态更新包 LSU	传送链路状态数据通告 LSA 给邻居路由器
链路状态确认包 LSAck	确认邻居发过来的 LSA 已经收到

9.3.5 邻接状态的形成过程

在 OSPF 邻接关系建立的过程中，接口有以下 7 种状态：

(1) Down。没有收到任何 Hello 包，或是在 Dead Interval 中没有收到 Hello 包。

(2) Init。路由器收到第一个 Hello 包，进入 Init 状态。

(3) Two - Way。当路由器看到自己的路由器 ID 在邻居发来的 Hello 包里时，就宣布与对方进入 Two - Way 状态。如果是多路访问型网络，则进入 DR 和 BDR 选举过程。

(4) Exstart。Exstart 状态是用数据库描述(DBD, Database Description)包建立的，两台路由器通过 DBD 包来决定主从关系，并利用 DBD 包来交换数据库信息。

(5) Exchange。邻居路由器使用 DBD 包来相互发送它们的链路状态信息。

(6) Loading。在相互描述各自的链路状态数据库后，路由器用链路状态请求(LSR, Link State Request)包来请求更新完整的信息。当路由器收到一个 LSR 包后，它会用链路状态更新(LSU, Link State Update)包进行回应，且 LSU 包需要链路状态确认(LSAck,

Link State Acknowledgment）包进行确认。

（7）Full Adjacency。完成了 LSA 的交换，路由器进入完全邻接状态，每个路由器都维护着一张邻居表。

整个邻接过程的形成如图 9 – 4 所示。

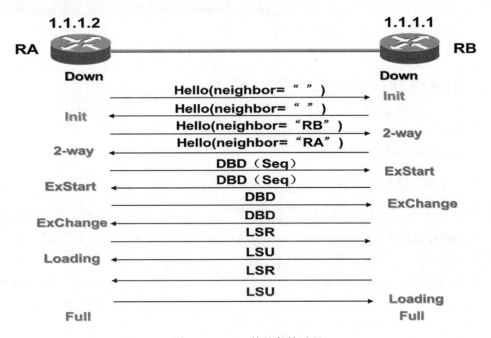

图 9 – 4　OSPF 协议邻接过程

9.4　OSPF 的运行过程

OSPF 的运行过程分为 5 个步骤。

①建立路由器的邻接关系。如果路由器某端口收到从其他路由器发送的含有自己路由器 ID 信息的 Hello 包，则它根据该端口所连接的网络类型来确定是否可以建立邻接关系。在点对点网络中，路由器直接和对端路由器建立邻接关系，并进入发现路由器步骤；在多路访问网络中，该路由器进入 DR 选举步骤。

②选举 DR 和 BDR。在多路访问网络中，OSPF 协议需要建立传递链路状态信息的中心节点——DR 和 BDR。优先级高的路由器成为 DR，若优先级相同，则路由器 ID 高的被选举为 DR。

③发现路由器。在此阶段，路由器之间利用 Hello 包中的路由器 ID 信息确认主从关系，主从路由器之间交换部分链路状态信息。每个路由器对收到的信息进行分析比较，如果收到的信息有更新，路由器将要求对方发送完整的链路状态信息。这个阶段完成后，路由器建立了完全邻接关系，并各自拥有独立的链路状态数据库。在多路访问网络

中，DR 与 BDR 互换信息，并与本子网内的非 DR 和非 BDR 路由器交换链路状态信息。

④计算路由。一台路由器拥有完整的链路状态数据库后，OSPF 根据链路状态信息用 SPF 算法计算出到每个网络的最优路径，并保存到路由表中。

⑤维护路由信息。当链路状态发生变化时，OSPF 通过组播通告网络中的其他路由器，其他路由器接收到后更新自己的链路状态数据库，然后用 SPF 算法重新计算路由表，并将新的链路状态信息发送出去。

9.5 单区域 OSPF 的基本配置

9.5.1 OSPF 基本配置概述

1. 设置接口优先级

```
Router(config-if)#ip ospf priority number
```

不同的接口可以指定不同的值。接口优先级默认为 1，取值范围是 0～255，接口优先级为 0 表示不参加 DR 选举。

2. 配置 Loopback 接口地址

```
Router(config)#interface loopback 0
Router(config-if)#ip address IP 地址 掩码
```

3. 启动 OSPF 路由进程

```
Router(config)#router ospf 进程号
```

进程号用于标识同一路由器上的多个 OSPF 进程。如果 OSPF 路由进程已经启动，要更改路由器 ID，必须清除 OSPF 进程（清除命令"clear ip ospf process"），新的路由器 ID 才生效。

4. 指定 OSPF 协议运行的接口和所在的区域

```
Router(config-router)#network 网络号 反向掩码  area  区域号
```

区域号指明网络所属区域。但区域一般都是骨干区域。

5. 修改接口的 cost 值

```
Router(config-if)#ip ospf cost number   //number 的取值为 1～65535
```

6. 配置 OSPF 计时器

```
Router(config-if)#ip ospf hello-interval 时间(s)
Router(config-if)#ip ospf dead-interval 时间(s)
```

7. 配置认证

OSPF 认证分为简单口令认证和 MD5 认证。配置认证的具体过程为：

①启动区域认证方式。

```
Router(config-router)#area 区域号 authentication [message-digest]
//输入 message-digest 则采用 MD5 认证,否则采用简单口令认证
```

②在接口模式下设置口令。简单口令认证:

```
router(config-if)#ip ospf authentication-key 口令
```

MD5 认证:

```
router(config-if)#ip ospf message-digest-key 口令 ID MD5 口令
//口令 ID 为密钥标志,范围为 1 ~ 255,认证双方接口的取值应该相同
```

9.5.2 单区域 OSPF 配置实例

网络拓扑图如图 9-5 所示。

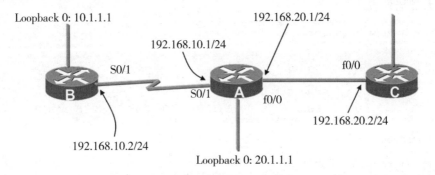

图 9-5 单区域 OSPF 配置拓扑图

1. 配置命令

```
RA#config terminal
RA(config)#interface loopback 0
RA(config-if)#ip address 20.1.1.1  255.0.0.0
RA(config-if)#exit
RA(config)#interface f0/0
RA(config-if)#ip address 192.168.20.1  255.255.255.0
RA(config-if)#no shut
RA(config)#interface s0/1
RA(config-if)#clock rate 128000
RA(config-if)#bandwidth 128
RA(config-if)#ip address 192.168.10.1  255.255.255.0
RA(config-if)#no shut
RA(config)#router ospf 20
RA(config-router)#network 192.168.10.0  0.0.0.255 area 0
```

```
RA(config-router)#network 192.168.20.0   0.0.0.255 area 0

RB(config)#interface loopback 0
RB(config-if)#ip address 10.1.1.1   255.0.0.0
RB(config-if)#exit
RB(config)#interface s0/1
RB(config-if)#ip address 192.168.20.1   255.255.255.0
RB(config-if)#no shut
RB(config)#router ospf 10
RB(config-router)#network 192.168.20.0   0.0.0.255 area 0
RB(config-router)#network 10.0.0.0   0.255.255.255 area 0
//RC配置与前面两个类似,在此省略
```

2. 验证配置

查看邻居列表:

```
RA#show ip ospf neighbor

Neighbor ID     Pri    State       Dead Time    Address          Interface
30.1.1.1         1     FULL/BDR    00:00:37     192.168.20.2     FastEthernet0/0
10.1.1.1         1     FULL/ -     00:00:35     192.168.10.2     Serial0/1
```

查看路由表:

```
RA#show ip route
Codes: C-connected, S-static, I-IGRP, R-RIP, M-mobile, B-BGP
       D-EIGRP, EX-EIGRP external, O-OSPF, IA-OSPF inter area
       N1-OSPF NSSA external type 1, N2-OSPF NSSA external type 2
       E1-OSPF external type 1, E2-OSPF external type 2, E-EGP
       i-IS-IS, L1-IS-IS level-1, L2-IS-IS level-2, ia-IS-IS
       inter area
       *-candidate default, U-per-user static route, o-ODR
       P-periodic downloaded static route


Gateway of last resort is not set

C    20.0.0.0/8 is directly connected, Loopback0
C    192.168.10.0/24 is directly connected, Serial0/1
C    192.168.20.0/24 is directly connected, FastEthernet0/0
     10.0.0.0/32 is subnetted, 1 subnets
O    10.1.1.1 [110/782] via 192.168.10.2, 00:45:55, Serial0/1
     30.0.0.0/32 is subnetted, 1 subnets
O    30.1.1.1 [110/2] via 192.168.20.2, 00:45:55, FastEthernet0/0
```

查看接口数据结构：

```
RA#show ip ospf inter f0/0
FastEthernet0/0 is up, line protocol is up
  Internet Address 192.168.20.1/24, Area 0
  Process ID 20, Router ID 20.1.1.1, Network Type BROADCAST, Cost: 1
  Transmit Delay is 1 sec, State DR, Priority 1
  Designated Router (ID) 20.1.1.1, Interface address 192.168.20.1
  Backup Designated router (ID) 30.1.1.1, Interface address 192.168.20.2
  Timer intervals configured, Hello 10, Dead 40, Wait 40, Retransmit 5
    Hello due in 00:00:05
  Index 2/2, flood queue length 0
  Next 0x0 (0)/0x0 (0)
  Last flood scan length is 2, maximum is 2
  Last flood scan time is 0 msec, maximum is 0 msec
  Neighbor Count is 1, Adjacent neighbor count is 1
    Adjacent with neighbor 30.1.1.1   (Backup Designated Router)
  Suppress hello for 0 neighbor (s)
```

9.6　多区域 OSPF

9.6.1　为何划分多个区域

　　随着网络规模日益扩大，当一个大型网络中的路由器都运行 OSPF 协议时，链路状态数据库（LSDB，Link State Database）会占用大量的存储空间，并使得运行最短路径优先（SPF，Shortest Path First）算法的复杂度增加，加重 CPU 负担，如图 9 - 6 所示。同时，在网络规模增大之后，拓扑结构发生变化的概率也增大，网络会经常处于"振荡"之中，造成网络中有大量的 OSPF 协议报文在传递，降低了网络的带宽利用率。更为严重的是，每次变化都导致网络中所有路由器重新进行路由计算。OSPF 协议通过将一个自治系统划分成不同的区域来解决上述问题。区域是从逻辑上将路由器划分为不同的组，每个组用区域号来标识，如图 9 - 7 所示。

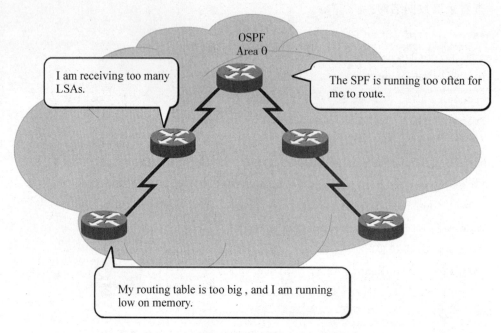

图 9 – 6　大型 OSPF 网络可能遇到的问题

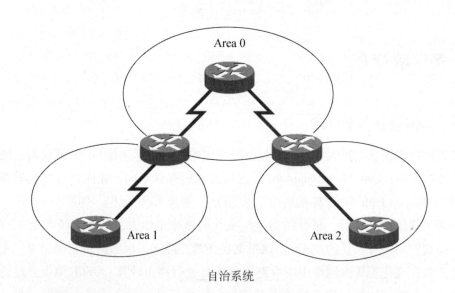

图 9 – 7　划分区域示意图

　　区域内部路由器仅与本区域的路由器交换 LSA 信息，这样 LSA 数据包数量及链路状态信息库表项都会明显减少，SPF 计算速度因此得到提高。多区域 OSPF 必须存在一个骨干区域。骨干区域负责收集非骨干区域发出的汇总路由信息，并将这些信息扩散到各个区域。

9.6.2 OSPF 区域划分原则

OSPF 网络不同区域的划分不是随意的，一般遵循以下几个方面的原则：

（1）按照地理区域或者行政管理单位来划分。因为 OSPF 网络主要应用于广域网，所以它一般应用于省市，甚至遍布全国或者全球。面对这样一个大的 OSPF 网络，最简单的区域划分原则就是根据各路由器所在的地理区域（区域单位可以是省市，甚至国家，或者其他区域形式）或者行政管理单位来划分。

（2）按照网络中的路由器性能来划分。一个 OSPF 网络中的设备往往不在一个档次，一般也可以按照交换机那样去分为接入层、汇聚层和核心层这三个大的层次，它们对应的路由器性能相应地被分为低、中、高三个档次。在 OSPF 网络区域划分中，通常将一台高端路由器下面连接的多个中端或者低端路由器划分在一个区域，这样划分的好处是可以合理地选择 ABR（区域分界路由器）。

（3）按照 IP 网段来划分。在实际的 OSPF 网络中，整个网络的 IP 地址被划分成不同的子网，我们可以根据不同的网段来划分 OSPF 区域。这样划分的好处是便于在 ABR 上配置路由汇聚，减少网络中路由信息的数量。

（4）根据区域中路由器数来划分。通常情况下，每个 OSPF 区域中最好不要超过 50 台路由器。但现在的路由器 CPU 处理速度和内存容量都在日益增强，有测试表明，每个区域即使有 200 台路由器也可以非常快速地收敛。

9.6.3 路由器类型

当一个 AS 划分成几个 OSPF 区域时，根据每台路由器在相应区域内的作用，可以将 OSPF 路由器进行如下分类，如图 9-8 所示。

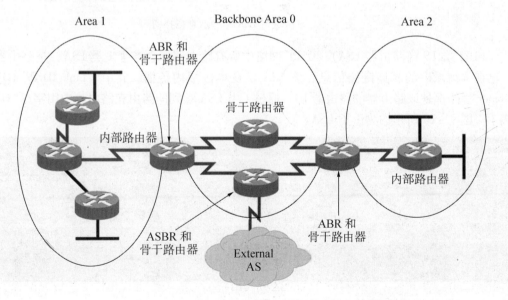

图 9-8　OSPF 路由器类型

（1）内部路由器（Internal Router）。当一台路由器上所有直连的链路都处于同一个区域时，这种路由器为内部路由器。内部路由器上仅运行其所属区域的 OSPF 运算法则。

（2）骨干路由器（Backbone Router）。具有连接骨干区域端口的路由器。

（3）区域边界路由器（ABR）。当一台路由器与多台路由器相连时，该路由器为区域边界路由器。区域边界路由器有连接每一个区域的拓扑结构数据库，且能将该区域的链路状态信息传播至骨干区域，再由骨干区域扩散到其他区域。

（4）自治系统边界路由器（ASBR）。自治系统边界路由器是与 AS 外部的路由器互相交换路由信息的路由器。该路由器在 AS 内部广播其所得到的 AS 外部路由信息。

9.6.4　链路状态通告类型

OSPF 的链路状态通告（LSA）包含连接的接口、Metric 值及其他变量信息。路由器获得整个网络的链路状态后便根据 SPF 算法计算到各个网络的最佳路径。划分区域后，LSA 有 7 类。下面就图 9－9 中的 R2 路由器说明多区域与 LSA 类型。

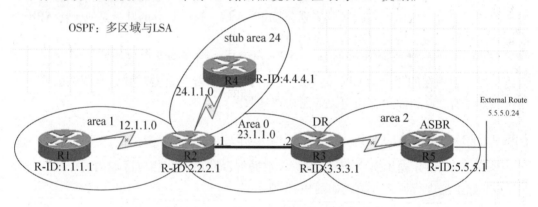

图 9－9　多区域与 LSA 类型示意拓扑图

（1）1 类 LSA（路由器 LSA）。OSPF 网络中所有路由器都会产生 1 类 LSA，是路由器自己在本区域内的直连链路信息。该 LSA 仅在本区域内传播。其中，Link ID 跟 ADV Router 写的都是该路由器的路由器 ID。通过 1 类 LSA 学到的路由在路由表中用字母"O"表示。图 9－10 所示的为 1 类 LSA。

```
R2#show ip ospf data

        OSPF Router with ID (2.2.2.1) (Process ID 100)

        Router Link States (Area 0)

Link ID          ADV Router        Age        Seq#         Checksum Link count
2.2.2.1          2.2.2.1           633        0x80000009 0x00B4F2 1
3.3.3.1          3.3.3.1           1067       0x80000006 0x008C17 1
```

图 9－10　1 类 LSA

(2) 2 类 LSA (网络 LSA)。在广播或者非广播多路访问模式下(NBMA)由 DR 生成。2 类 LSA 仅在本区域内传播。2 类 LSA 是在某区域内的广播或 NBMA 的网段内选举了 DR,于是 DR 在本区域范围利用 2 类 LSA 来进行通告。2 类 LSA 仅在本区域内传播。其中,2 类 LSA 的 Link ID 就是该 DR 的接口 IP 地址,而 ADV Router 则是 DR 的 Router ID。通过 2 类 LSA 学到的路由在路由表中用字母"O"表示。图 9 - 11 所示为 2 类 LSA。

图 9 - 11   2 类 LSA

(3) 3 类 LSA (网络汇总 LSA)。由区域边界路由器 ABR 生成,用于将一个区域内的网络通告给 OSPF 中的其他区域。可以认为 3 类 LSA 保存着本区域以外的所有其他区域的网络。例如,在多区域如 area 1 – area 0 – area 2 这样的三个区域,含有 area 1 和 area 0 的 ABR 会把 area 1 的网络以 3 类 LSA 的形式通告给 area 0,当然它也会把 area 0 里面的网络通告给 area 1。那么,area 1 里面的网络又是如何通告 area 2 的呢? 这里就要考虑到 area 1 那些一开始被转换成 3 类 LSA 的网络是如何进入 area 2 的问题了。当原先这个 3 类 LSA 进入到 area 0 跟 area 2 的边界路由器时,位于这个边界的 ABR 就修改这条包含着 area 1 链路信息的 3 类 LSA,把里面的 ADV Router 替换成自己的 Router ID,并且维持原先的 Link ID 不变,然后把这条修改后的 LSA 通告给 area 2,这个就是 3 类 LSA 的工作过程。通过 3 类 LSA 学到的路由在路由表中用字母"O IA"表示。图9 - 12所示为 3 类 LSA。

```
                Summary Net Link States (Area 0)

Link ID          ADV Router        Age        Seq#          Checksum
1.1.1.1          2.2.2.1           1142       0x80000003    0x00AD41
12.1.1.0         2.2.2.1           1403       0x80000003    0x000CDC
24.1.1.0         2.2.2.1           633        0x80000003    0x006F6D
35.1.1.0         3.3.3.1           1322       0x80000003    0x00C707
```

图 9 - 12   3 类 LSA

(4) 4 类 LSA (ASBR 汇总 LSA)。4 类 LSA 跟 5 类 LSA 是紧密联系在一起的,可以说 4 类 LSA 是由于 5 类 LSA 的存在而产生的。4 类 LSA 由距离本路由器最近的 ABR 生成。可以这样理解,如果路由器想要找到包含了外部路由的那台 ASBR (自治系统边界路由器),应该要先到达哪台 ABR,那么这台 ABR 的 Router ID 就写在该 LSA 的 ADV Router 里面,而 LSA 里面的 Link ID 代表的就是该 ASBR 的 Router ID。通过 4 类 LSA 学到的路由在路由表中用字母"O IA"表示。图 9 - 13 所示为 4 类 LSA。

```
                 Summary ASB Link States (Area 0)

Link ID            ADV Router        Age        Seq#         Checksum
5.5.5.1            3.3.3.1           1067       0x80000002 0x00EEF1
```

图 9-13　4 类 LSA

(5)5 类 LSA(自治系统外部 LSA)。5 类 LSA 由包含了自治系统外部路由的 ASBR 产生，目标是把某外部路由通告给 OSPF 进程的所有区域(末节区域和完全末节区域除外)。5 类 LSA 可以穿越所有区域。在跨区域通告时，该 LSA 的 Link ID 和 ADV Router 一直保持不变。也就是说，该 ASBR 告诉 OSPF 全网络的所有路由器，想到达这个外部网段可以通过该 ASBR。其中，Link ID 代表的是那台 ASBR 所引入的网络，ADV Router 则是该 ASBR 的 Router ID。通过 5 类 LSA 学到的路由在路由表中用字母"O E1"或"O E2"表示。图 9-14 所示为 5 类 LSA。

```
                 Type-5 AS External Link States

Link ID            ADV Router        Age        Seq#         Checksum Tag
5.5.5.0            5.5.5.1           1101       0x80000002 0x00B2CD 0
```

图 9-14　5 类 LSA

(6)6 类 LSA(组成员 LSA)。是 OSPF 协议的一个增强版本，在"组播 OSPF (MOSPF)"中使用。MOSPF 可以让路由器利用链路状态数据库的信息构造用于多播报文的多播发布树。

(7)7 类 LSA(次末节区域外部 LSA)。7 类 LSA 是一种由 NSSA 区域中引入了外部路由的路由器生成的 LSA，仅在 NSSA 本区域内传播。由于 NSSA 区域不允许外部的路由进来从而禁止了 5 类 LSA，那么路由器为了能够把自己的外部路由传播出去，于是使用了 7 类 LSA 来代替 5 类 LSA 的功能。值得注意的是，当这种 7 类 LSA 到达 NSSA 跟其他区域的边界后，该边界路由器会根据这条 7 类 LSA 生成对应的 5 类 LSA 然后继续传播给其他区域。此时，这条 5 类 LSA 里面的 Link ID 跟 7 类 LSA 一样，都是该外部网络地址，而 ADV Router 则变成了该边界路由器的 Router ID，因为这条 5 类 LSA 本来就是边界路由器产生的。通过 7 类 LSA 学到的路由在路由表中用字母"O N1"或"O N2"表示。图 9-15 和图 9-16 展示了 7 类 LSA 转 5 类 LSA。

```
                 Type-7 AS External Link States (Area 24)

Link ID            ADV Router        Age        Seq#         Checksum Tag
4.4.4.0            4.4.4.1           3          0x80000001 0x009AC6 0
```

图 9-15　7 类 LSA

```
                    Type-5 AS External Link States

Link ID             ADV Router          Age         Seq#         Checksum Tag
4.4.4.0             2.2.2.1             9           0x80000001 0x005F12 0
5.5.5.0             5.5.5.1             310         0x80000003 0x00B0CE 0
```

图 9-16   7类 LSA 转为 5类 LSA

9.6.5   区域类型

区域的特性决定着它可以接收的链路状态信息的类型。可能的区域类型包括以下几个:

(1)骨干区域,也称为 area 0。根据 OSPF 的设计原则,area 0 在 OSPF 网络中起着中心节点的作用,其他区域的链路信息通过 area 0 进行传递。这也意味着所有其他区域都必须跟 area 0 相连。该区域支持 1、2、3、4、5 类 LSA。

(2)标准区域。标准区域的意思就是在这个区域里可以正常传递 OSPF 各类报文。该区域支持 1、2、3、4、5 类 LSA。

(3)末节区域。所谓末节区域,意思就是该区域不接受非 OSPF 网络的任何外部路由。它如果要到那些外部路由,只需要通过默认路由把它发出去就可以了。末节区域不能包含 ASBR。该区域支持 1、2、3 类 LSA。

(4)完全末节区域。该区域非但不接受外部路由,也不接受自己本区域以外的其他区域的链路信息。它如果要到本区域以外的目标网络,也与末节区域一样,直接把报文通过默认路由发出去。这里要注意的是,由于默认路由是用 3 类 LSA 发送的,所以完全末节区域虽然不允许普通的 3 类 LSA 报文,但是支持包含默认路由的 3 类 LSA。该区域支持 1、2 类 LSA,以及包含默认路由的 3 类 LSA。完全末节区域不能包含 ASBR。

(5)次末节区域(NSSA,Not-So-Stubby Area)。NSSA 其实是从末节区域发展而来的,它的意思是在含有 stub 区域的条件下,允许将外部路由重分布进来(仅仅是允许重分布),以第 7 类 LSA 的形式显示("O N2"),并有把重分布进来的外部路由发送出去给其他区域的能力。该区域支持 1、2、3、7 类 LSA,7 类 LSA 只能存在于 NSSA 区域里,若穿越 ABR 到其他区域 ABR 会将其变成 5 类 LSA。这里应注意的是,NSSA 区域还有另外一种模式,那就是完全末节区域模式 NSSA。这个模式其实就是在完全末节区域环境下允许引入外部路由,这种区域模式支持 1、2 类 LSA 以及 ABR 重分布默认路由的第 3 类 LSA。

9.6.6   多区域 OSPF 基本配置

(1)多区域 OSPF 路由协议的基本配置:

```
Router(config)#router ospf N      //N 为 ospf 进程号,每个路由器的进程号互相独立
Router(config-router)#network 网络地址 反掩码 area 区域号
```

区域号根据宣告的网络号来决定。网络号在骨干区域则区域号为 0；网络号在区域 100 则区域号为 100。

（2）ABR 配置路由汇总：

```
Router(config - router)#area 区域号 range 汇总后的网络号 汇总后的子网掩码
```

（3）配置末节区域：

末节区域和完全末节区域需要满足以下要求：

①该区域只有一个出口。

②该区域不需要作为虚链路的过渡区。

③该区域内没有 ASBR。

④该区域不是主干区域。

配置命令为：

```
Router(config - router)#area 区域号 stub [no - summary]
```

该命令要在所有的末节区域路由器上配置，否则无法建立邻接关系。如果输入 no - summary 则表示是完全末节区域。

9.7　项目实施：OSPF 的配置

1. 发包方项目要求

部门增多，网段也增多，网络规模不断扩大。网络路由需要快速收敛，路由器的路由表要求相对稳定，不因某个网段故障造成整个网络路由器的路由条目震荡。路由协议要互相认证，防止非法路由器接入干扰网络的路由条目。

2. 接包方对项目分析

网络需要快速收敛，可以配置 MD5 认证，可以用 EIGRP 和 OSPF 协议。路由表要相对稳定减少震荡，那么需要把大网络区域化，把故障引起的网络震荡隔离在区域内，最终可以选择 OSPF 协议。

3. 项目配置实施

OSPF 协议技术规范参考 RFC2328 OSPF V2。项目原拓扑图如图 1 - 8 所示。

（1）区域规划。在原拓扑图中，核心交换机（C1、C2）和汇聚交换机（HJ1、HJ2、HJ3、HJ4）为整个网络的骨干网，是内网核心区域，此区域规划为 Area 0；其他网段均与骨干网（Area 0）相连，把它们规划为标准区域：

172. 16. 3. 0/24（服务器区）为 Area 1；

172. 16. 1. 0/24 为 Area 2；

172. 16. 2. 0/24 为 Area 3；

HJ1 所连的 VLAN（172. 16. 100. 0/24 至 172. 16. 110. 0/24）为 Area 4；

HJ2 所连的 VLAN(172. 16. 200. 0/24 至 172. 16. 210. 0/24)为 Area 5;

HJ3 所连的 VLAN(172. 16. 220. 0/24 至 172. 16. 230. 0/24)为 Area 6;

HJ4 所连的 VLAN(172. 16. 240. 0/24 至 172. 16. 250. 0/24)为 Area 7;

(2)汇聚层交换机的配置：(在此以 HJ1 为例)

```
HJ1#configure  terminal
HJ1(config)#router ospf 1
//1 为 OSPF 进程号,只在本地有意义。一台路由器可以运行多个 OSPF 进程
HJ1(config-router)#network 172.16.100.0 0.0.0.255 area 4
HJ1(config-router)#network 172.16.110.0 0.0.0.255 area 4
HJ1(config-router)#network 192.168.1.0 0.0.0.255 area 0
//以上为在 OSPF 中通告各个区域内的网段
HJ1(config-router)#area 0 authentication message-digest
HJ1(config-router)#area 4 authentication message-digest
//以上两条语句为在区域 0 和区域 4 启用 md5 认证
HJ1(config-router)#exit
HJ1(config)#inter vlan 1
HJ1(config-if)#ip ospf message-digest-key 1 md5 zwei
HJ1(config-if)#inter vlan 100
HJ1(config-if)#ip ospf message-digest-key 1 md5 zwei
HJ1(config-if)#inter vlan 110
HJ1(config-if)#ip ospf message-digest-key 1 md5 zwei
//以上语句为在区域 0 和区域 4 的接口上配置认证密钥 ID 为 1,密钥为 zwei
//需要注意的是,邻居路由器之间互联的接口上认证密钥 ID 要一样,密钥也要一样
```

(3)核心交换机的配置：

C1 的配置：

```
C1#configure terminal
C1(config)#router ospf 2
C1(config-router)#network 172.16.3.0   0.0.0.255 area 1
C1(config-router)#network 192.168.1.0   0.0.0.255 area 0
C1(config-router)#network 172.16.1.0   0.0.0.255 area 2
C1(config-router)#area 0 authentication message-digest
C1(config-router)#area 1 authentication message-digest
C1(config-router)#area 2 authentication message-digest
C1(config-router)#exit
C1(config)#interface e1/1
```

```
C1 (config - if)#ip ospf message - digest - key 1 md5 zwei
C1 (config - if)#inter e1/0
C1 (config - if)#ip ospf message - digest - key 1 md5 zwei
C1 (config - if)#inter vlan 1
C1 (config - if)#ip ospf message - digest - key 1 md5 zwei
C1 (config - if)#ip ospf priority 220
```
// 上一条语句修改了 C1 的 VLAN 1 接口的优先级(默认优先级为1),将 C1 指定为 Area 0 区域的 DR

C2 的配置:

```
C2#configure terminal
C2 (config)#router ospf 3
C2 (config - router)#network 172.16.3.0   0.0.0.255 area 1
C2 (config - router)#network 192.168.1.0   0.0.0.255 area 0
C2 (config - router)#network 172.16.2.0   0.0.0.255 area 3
C2 (config - router)#area 0 authentication message - digest
C2 (config - router)#area 1 authentication message - digest
C2 (config - router)#area 3 authentication message - digest
C2 (config - router)#exit
C2 (config)#interface e1/1
C2 (config - if)#ip ospf message - digest - key 1 md5 zwei
C2 (config - if)#inter e1/0
C2 (config - if)#ip ospf message - digest - key 1 md5 zwei
C2 (config - if)#inter vlan 1
C2 (config - if)#ip ospf message - digest - key 1 md5 zwei
C2 (config - if)#ip ospf priority 200
```
// 上一条语句修改 C2 优先级为200,使 C2 成为 Area 0 区域的 BDR

(4)R1 的配置:

```
R1#configure terminal
R1 (config)#router ospf 100
R1 (config - router)#network 172.16.1.0   0.0.0.255 area 2
R1 (config - router)#network 172.16.2.0   0.0.0.255 area 3
R1 (config - router)#area 2 authentication message - digest
R1 (config - router)#area 3 authentication message - digest
R1 (config - router)#default - information originate
```
// 由于 R1 是整个自治系统的边界路由器,内网所有的用户上外网必须经由 R1 出去,因此在 R1
// 的 OSPF 进程中注入了出外网的默认路由。此条注入的默认路由将在整个自治系统内传播
```
R1 (config - router)#exit
R1 (config)#inter e0/0
R1 (config - if)#ip ospf message - digest - key 1 md5 zwei
R1 (config - if)#exit
R1 (config)#interface e0/1
R1 (config - if)#ip ospf message - digest - key 1 md5 zwei
```

(5) 验证配置:

查看 HJ1 的路由表:

```
HJ1#show ip route
Codes: C - connected, S - static, R - RIP, M - mobile, B - BGP
       D - EIGRP, EX - EIGRP external, O - OSPF, IA - OSPF inter area
       N1 - OSPF NSSA external type 1, N2 - OSPF NSSA external type 2
       E1 - OSPF external type 1, E2 - OSPF external type 2
       i - IS - IS, su - IS - IS summary, L1 - IS - IS level - 1, L2 - IS - IS level - 2
       ia - IS - IS inter area, * - candidate default, U - per - user static route
       o - ODR, P - periodic downloaded static route

Gateway of last resort is 192.168.1.2 to network 0.0.0.0

     172.16.0.0/24 is subnetted, 11 subnets
O IA    172.16.250.0 [110/2] via 192.168.1.6, 00:25:16, Vlan1
O IA    172.16.240.0 [110/2] via 192.168.1.6, 00:25:16, Vlan1
O IA    172.16.230.0 [110/2] via 192.168.1.5, 00:25:16, Vlan1
O IA    172.16.220.0 [110/2] via 192.168.1.5, 00:25:16, Vlan1
O IA    172.16.210.0 [110/2] via 192.168.1.4, 00:25:16, Vlan1
O IA    172.16.200.0 [110/2] via 192.168.1.4, 00:25:16, Vlan1
O IA    172.16.1.0 [110/11] via 192.168.1.1, 00:25:16, Vlan1
O IA    172.16.2.0 [110/11] via 192.168.1.2, 00:25:18, Vlan1
O IA    172.16.3.0 [110/11] via 192.168.1.2, 00:25:18, Vlan1
                   [110/11] via 192.168.1.1, 00:25:18, Vlan1
C       172.16.110.0 is directly connected, Vlan110
C       172.16.100.0 is directly connected, Vlan100
C       192.168.1.0/24 is directly connected, Vlan1
O* E2   0.0.0.0/0 [110/1] via 192.168.1.2, 00:16:55, Vlan1
                  [110/1] via 192.168.1.1, 00:16:55, Vlan1
```

查看 C1 的路由表:

```
C1#show ip route
Codes: C - connected, S - static, R - RIP, M - mobile, B - BGP
       D - EIGRP, EX - EIGRP external, O - OSPF, IA - OSPF inter area
       N1 - OSPF NSSA external type 1, N2 - OSPF NSSA external type 2
       E1 - OSPF external type 1, E2 - OSPF external type 2
       i - IS - IS, su - IS - IS summary, L1 - IS - IS level - 1, L2 - IS - IS level - 2
       ia - IS - IS inter area, * - candidate default, U - per - user static route
       o - ODR, P - periodic downloaded static route

Gateway of last resort is 172.16.1.1 to network 0.0.0.0

     172.16.0.0/24 is subnetted, 11 subnets
```

```
O IA    172.16.250.0 [110/2] via 192.168.1.6, 00:18:32, Vlan1
O IA    172.16.240.0 [110/2] via 192.168.1.6, 00:18:32, Vlan1
O IA    172.16.230.0 [110/2] via 192.168.1.5, 00:18:32, Vlan1
O IA    172.16.220.0 [110/2] via 192.168.1.5, 00:18:32, Vlan1
O IA    172.16.210.0 [110/2] via 192.168.1.4, 00:18:32, Vlan1
O IA    172.16.200.0 [110/2] via 192.168.1.4, 00:18:32, Vlan1
C       172.16.1.0 is directly connected, Ethernet1/0
O IA    172.16.2.0 [110/11] via 192.168.1.2, 00:18:34, Vlan1
C       172.16.3.0 is directly connected, Ethernet1/1
O IA    172.16.110.0 [110/2] via 192.168.1.3, 00:18:34, Vlan1
O IA    172.16.100.0 [110/2] via 192.168.1.3, 00:18:34, Vlan1
C       192.168.1.0/24 is directly connected, Vlan1
O* E2   0.0.0.0/0 [110/1] via 172.16.1.1, 00:18:25, Ethernet1/0
```

"O"为域内路由,"O IA"为域间路由,"O E1"为外部路由类型1,"O E2"为外部路由类型2。外部路由类型1和2的区别在于路由开销的计算方式不同,类型1的路由开销等于外部开销加上内部开销之和;类型2的路由开销只计算外部开销,无论它穿越多少内部链路,内部链路都不计算开销。

查看C1的链路数据库。由输出显示C1同时维护着Area 0、Area 1、Area 2三个区域的OSPF数据库。

```
C1#show ip ospf database


        OSPF Router with ID (192.168.1.1) (Process ID 2)


            Router Link States (Area 0)


Link ID          ADV Router       Age       Seq#         Checksum   Link count
192.168.1.1      192.168.1.1      123       0x80000002   0x00F58D   1
192.168.1.2      192.168.1.2      119       0x80000002   0x00F38C   1
192.168.1.3      192.168.1.3      119       0x80000002   0x00F18B   1
192.168.1.4      192.168.1.4      124       0x80000002   0x00EF8A   1
192.168.1.5      192.168.1.5      124       0x80000002   0x00ED89   1
192.168.1.6      192.168.1.6      119       0x80000002   0x00EB88   1
//区域0中的1类LSA
            Net Link States (Area 0)


Link ID          ADV Router       Age       Seq#          Checksum
192.168.1.1      192.168.1.1      113       0x80000002    0x00308E
//区域0中的2类LSA。2类LSA由DR发出,在2类LSA中ADV Router为DR的router-id
```

```
                Summary Net Link States (Area 0)


Link ID            ADV Router         Age       Seq#            Checksum
172.16.1.0         192.168.1.1        158       0x80000001      0x0044C5
172.16.2.0         192.168.1.2        159       0x80000001      0x0033D4
172.16.3.0         192.168.1.1        158       0x80000001      0x002ED9
172.16.3.0         192.168.1.2        162       0x80000001      0x0028DE
172.16.100.0       192.168.1.3        162       0x80000001      0x009815
172.16.200.0       192.168.1.4        161       0x80000001      0x004206
172.16.220.0       192.168.1.5        161       0x80000001      0x005FD3
172.16.240.0       192.168.1.6        162       0x80000001      0x007CA1
172.16.250.0       192.168.1.6        162       0x80000001      0x000E06
```
//以上列出了区域 0 中部分 3 类 LSA
```
                Summary ASB Link States (Area 0)


Link ID            ADV Router        Age        Seq#            Checksum
172.16.2.1         192.168.1.1       121        0x80000001      0x0021E5
172.16.2.1         192.168.1.2       123        0x80000001      0x001BEA
```
//区域 0 中的 4 类 LSA 由 DR 生成. Link ID 为 ASBR 的 router - id, ADV Router 为 ABR
//的 router - id. 此处表示区域 0 有两个 ABR, 且这两个 ABR 均可到达 ASBR
```
                Router Link States (Area 1)


Link ID            ADV Router        Age        Seq#            Checksum    Link count
192.168.1.1        192.168.1.1       120        0x80000002      0x0019BD    1
192.168.1.2        192.168.1.2       129        0x80000002      0x0017BC    1



                Net Link States (Area 1)


Link ID            ADV Router        Age        Seq#            Checksum
172.16.3.253       192.168.1.2       129        0x80000001      0x00E057
```
//区域 1 中根据最大的 ip 地址选出了 DR, 区域 1 的 DR 为 C2
```
                Summary Net Link States (Area 1)


Link ID            ADV Router        Age        Seq#            Checksum
172.16.1.0         192.168.1.1       169        0x80000001      0x0044C5
172.16.2.0         192.168.1.2       171        0x80000001      0x0033D4
172.16.110.0       192.168.1.1       119        0x80000001      0x004064
172.16.200.0       192.168.1.2       121        0x80000001      0x0058F0
172.16.250.0       192.168.1.2       139        0x80000001      0x0030E6
192.168.1.0        192.168.1.2       189        0x80000001      0x00B7AD
```
//以上列出了区域 1 中部分 3 类 LSA

```
                Summary ASB Link States (Area 1)

Link ID            ADV Router          Age         Seq#            Checksum
172.16.2.1         192.168.1.1         148         0x80000001      0x0021E5
172.16.2.1         192.168.1.2         149         0x80000001      0x001BEA

                Router Link States (Area 2)

Link ID            ADV Router          Age         Seq#            Checksum Link count
172.16.2.1         172.16.2.1          154         0x80000002      0x00E345 1
192.168.1.1        192.168.1.1         153         0x80000002      0x005B76 1

                Net Link States (Area 2)

Link ID            ADV Router          Age         Seq#            Checksum
172.16.1.2         192.168.1.1         153         0x80000001      0x00D310

                Summary Net Link States (Area 2)

Link ID            ADV Router          Age         Seq#            Checksum
172.16.2.0         192.168.1.1         146         0x80000001      0x0043C4
172.16.3.0         192.168.1.1         196         0x80000001      0x002ED9
172.16.100.0       192.168.1.1         146         0x80000001      0x00AEFF
192.168.1.0        192.168.1.1         196         0x80000001      0x00BDA8
```
//以上列出了区域 2 中部分 3 类 LSA

```
                Type - 5 AS External Link States

Link ID            ADV Router          Age         Seq#            Checksum Tag
0.0.0.0            172.16.2.1          206         0x80000001      0x0091FD 100
```
//5 类 LSA,输出显示,是由路由器 R1 通告的(R1 的 router - id 为 172.16.2.1)。用注入的默认路由网络号 0.0.0.0 作为 Link ID,它会被传播到各个区域

查看 C1 的邻居:

```
C1#show ip ospf neighbor

Neighbor ID     Pri    State          Dead Time     Address        Interface
192.168.1.2     200    FULL/BDR       00:00:33      192.168.1.2    Vlan1
192.168.1.3     1      FULL/DROTHER   00:00:33      192.168.1.3    Vlan1
192.168.1.4     1      FULL/DROTHER   00:00:33      192.168.1.4    Vlan1
192.168.1.5     1      FULL/DROTHER   00:00:33      192.168.1.5    Vlan1
192.168.1.6     1      FULL/DROTHER   00:00:33      192.168.1.6    Vlan1
192.168.1.2     1      FULL/DR        00:00:32      172.16.3.253   Ethernet1/1
172.16.2.1      1      FULL/BDR       00:00:34      172.16.1.1     Ethernet1/0
```

4. 排错时的注意事项

OSPF 邻居关系不能建立的常见原因：

(1)Hello 间隔和 Dead 间隔不同。同一链路上 Hello 间隔和 Dead 间隔必须相同。

(2)区域号码不一致。

(3)特殊区域(stub、NSSA 等)区域类型不匹配。

(4)认证不通过。

(5)路由器 ID 相同。

(6)Hello 包被阻挡。

(7)链路上的 MTU 不匹配。

(8)接口下的 OSPF 网络类型不匹配。

排错时还应运用 debug 命令观察路由器的各种调试信息。下面三条 debug 命令是常用的调试命令。

debug ip ospf packet：调试 ip ospf 数据包。输出的只是收到的包的信息，不涉及发送的包，只列出包头的各字段。

Debug ip ospf events：调试 ospf 事件。显示发送/接收的 Hello 包、邻居改变事件、DR 选举，显示建立邻接关系的过程。

debug ip ospf adj：调试 OSPF 邻接信息。显示邻接关系的建立过程，比 debug ip ospf events 更加简洁，只显示邻接建立。显示发送认证密钥的情况，如果收到的数据包密钥不匹配，会提示相关信息。如果没有配置认证的话，无输出。

10 访问控制列表

10.1 访问控制列表概述

访问控制列表(ACL, Access Control Lists)是应用在路由器接口的访问策略控制的指令列表。这些指令列表用来告诉路由器哪些数据包可以通行，哪些数据包需要拒绝。至于数据包是被允许放行还是被拒绝放行，可以由类似于源地址、目的地址和端口号等特定指示条件确定。

访问控制列表不但可以起到控制网络流量和流向的作用，而且在很大程度上可以起到保护网络设备(如服务器)的关键作用。

此外，在路由器的许多其他配置任务中，如配置网络地址转换(NAT, Network Address Translation)、按需拨号路由(DDR, Dial on Demand Routing)、路由重分布(Routing Redistribution)、策略路由(PBR, Policy – Based Routing)等场合都需要用到访问控制列表。访问控制列表从概念上来讲并不复杂，复杂的是对它的配置和使用。在配置和使用过程中要注意指令列表的顺序、应用端口及应用方向等。

10.1.1 ACL 功能

访问控制列表具有如下功能：

(1)限制网络流量，提高网络性能。例如，ACL 可以根据数据包的协议，指定这种类型的数据包具有更高的优先级，同等情况下可优先被网络设备处理。

(2)提供对通信流量的控制手段。

(3)提供网络访问的基本安全手段。

(4)在网络设备接口处，决定哪种类型的通信流量被转发、哪种类型的通信流量被阻塞。

10.1.2 ACL 工作过程

访问控制列表(ACL)由多条判断语句组成，每条语句给出一个条件和处理方式(通过或拒绝)。数据包到达路由器接口后，ACL 的工作过程如图 10 – 1 所示。路由器对收到的数据包按照判断语句的书写次序进行检查，当匹配到某一条件时，就按照该条指定的处理方式进行处理。ACL 中各语句的书写次序非常重要，如果一个数据包和某条语句的条件相匹配，该数据包的匹配过程就结束了，剩下的条件语句被忽略。ACL 检查数据包的流程即 ACL 中每个条件语句执行的顺序如图 10 – 2 所示。

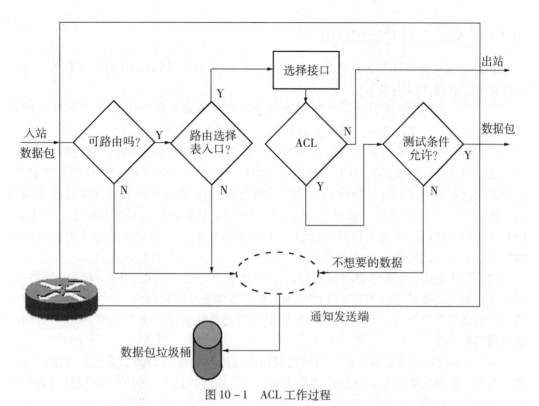

图 10 - 1　ACL 工作过程

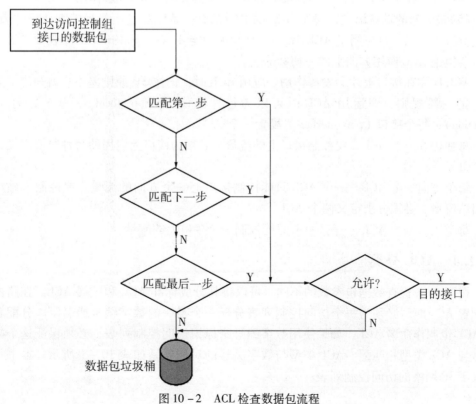

图 10 - 2　ACL 检查数据包流程

10.1.3 ACL 设计与运用原则

ACL 的编写相当复杂而且极具挑战性。每个接口上都可以针对多种协议和各个方向进行定义。其设计原则如下：

（1）自上而下的处理方式。访问控制列表表项的检查要按自上而下的顺序依次进行，并且从第一个条件表项开始检查，所以必须考虑访问控制列表语句的次序。

（2）添加条件表项放末尾。默认情况下，新的条件表项添加到访问控制列表的末尾，也就是说不能改变已有 ACL 的条件表项顺序。如果要修改已有 ACL 中的条件表项，必须删除已有的这个 ACL，新建一个 ACL，将已有 ACL 中的条件表项和要修改或增加的条件表项一一按顺序放入新建的 ACL 中，并将该 ACL 重新应用于接口上。在 Cisco IOS 12.0 版本之后，可以用行号来标记 ACL 中的条件表项，并根据行号来放置条件表项的顺序，达到既修改了 ACL 条件表项又不用重新建立新的 ACL 的目的。

（3）作用范围小的条件表项放前面。由于 IP 协议包含 ICMP、TCP 和 UDP 等协议，所以应将更为具体的条件表项、作用范围更小的条件表项放在前面，不太具体、作用范围广泛的条件表项放在后面，以保证 ACL 中前面的条件表项不会否定该 ACL 中后面的条件表项。

（4）访问控制列表生效条件。访问控制列表过滤通过路由器的数据包，不能过滤从路由器本身发出的数据包。在路由选择之前，应用在接口进入方向的访问控制列表起作用；在路由选择决定以后，应用在接口离开方向的访问控制列表起作用。

（5）被忽略的默认语句。每个 ACL 的最后都有一条默认且不显示的默认条件表项：拒绝所有。所以一旦应用了 ACL 后，该 ACL 中一定要有一条 permit 条件表项，否则该接口会拒绝 ACL 应用方向上的一切数据包。

ACL 应用在接口上才会发挥作用。应用 ACL 时，记住 3P 原则差不多就知道了运用 ACL 的一般规则：即运用 ACL 时可以为每种协议（per protocol）、每个方向（per direction）、每个接口（per interface）配置一个 ACL。

每种协议一个 ACL。要控制接口上的流量，必须为接口上启用的每种协议定义相应的 ACL。

每个方向一个 ACL。一个 ACL 只能控制接口上一个方向的流量。要控制入站流量和出站流量，必须分别定义两个 ACL。

每个接口一个 ACL。一个 ACL 只能控制一个接口上的流量。

10.1.4 ACL 分类

按照 ACL 检查数据包参数的不同，可以将其分成标准 ACL 和扩展 ACL。在路由器中配置 ACL 时，必须为每个访问控制列表分配一个唯一的数字编号或名字。分配名字的 ACL 也叫作命名 ACL。如果使用数字编号来标识访问控制列表，必须保证这个数字编号与 ACL 类型相匹配。ACL 类型与数字编号的对应关系如表 10-1 所示。本书只介绍基于 IP 网络的访问控制列表。

表 10 - 1　ACL 类型对应的数字编号范围

ACL 类型	编号范围
IP standard access list	1 ～ 99，1300 ～ 1999
IP extended access list	100 ～ 199，2000 ～ 2699
IPX standard access list	800 ～ 899
IPX extended access list	900 ～ 999
Appletalk access list	600 ～ 699
48 - bit MAC address access list	700 ～ 799
IPX SAP access list	1000 ～ 1099
Extended 48 - bit MAC address access list	1100 ～ 1199
IPX summary address access list	1200 ～ 1299
Protocol type - code access list	200 ～ 299
DECnet access list	300 - 399

10.2　标准访问控制列表的配置

10.2.1　标准访问控制列表简介

一个标准 IP 访问控制列表匹配 IP 包中的源地址或源地址中的一部分，可对匹配的包采取拒绝或允许两个操作。标准访问控制列表可以根据源地址允许或拒绝整个协议组（如 IP）。

标准 ACL 占用路由器资源很少，是一种最基本、最简单的访问控制列表，应用比较广泛，经常在要求控制级别较低的情况下使用。

10.2.2　标准访问控制列表配置命令格式

配置访问控制列表需要先将访问控制列表条件表项配置好，然后将该访问控制列表应用到路由器的接口上。

（1）定义访问控制列表条件表项。

```
Router(config)# access - list {ACL 的编号} {deny | permit} {source [source
- wildcard] | any}[log]
```

ACL 的编号：范围在 0 ～ 99 之间。该 access - list 语句是一个普通的标准型 IP 访问列表语句。对于 Cisco IOS，在 0 ～ 99 之间的数字表示该访问列表和 IP 协议有关。所以 list number 参数具有双重功能：

①定义访问列表的操作协议。

②通知 IOS 在处理 access‐list 语句时，把相同的 list number 参数视为同一实体对待。

deny|permint：ACL 有两种操作，一种是 permit（允许），一种是 deny（拒绝）。permit 语句可以使和访问列表项目匹配的数据包通过接口，而 deny 语句可以在接口过滤掉和访问列表项目匹配的数据包。在默认情况下，除非明确规定允许通过，访问列表总是阻止或拒绝一切数据包通过，即实际上在每个访问列表的最后，都隐含一条拒绝所有数据包的语句。

source［source‐wildcard］|any：使用地址对的形式指定一个 IP 地址范围。源地址代表主机或网络的 IP 地址，结合不同的通配符掩码组合可以指定主机或网络。

这里有两个特定的地址需要注意，一个是"host"，一个是"any"。Host 后面接主机地址表示特定的主机，如"host 192.168.1.1"相当于"192.168.1.1 0.0.0.0"，表示 IP 地址为 192.168.1.1 的主机。Any 后面是不接 IP 地址的，如"deny any"相当于"deny 0.0.0.0 255.255.255.255"，表示拒绝所有主机。

log：可选参数，表示是否将匹配的条目显示在控制台输出中，或者输出到特定的服务器。

（2）把访问控制列表应用到某一接口上，并指明是用于匹配进入还是出去的数据包。

```
router(config‐if)#ip access‐group {1‐99 | name} {in | out}
```

access‐group 表示在接口的访问列表组中加入一条控制列表。一个接口可以应用多个访问控制列表。

1～99|name：1～99 为标准访问控制列表的编号；name 为命名访问控制列表的名字。

in|out：in 控制数据包能否从一个端口进入路由器；out 控制数据包能否从一个端口转发出去。in 和 out 是针对路由器而言的。

10.2.3　标准访问控制列表放置位置

标准访问控制列表放在离目标地址近的端口上。如图 10‐3 所示，如果 R4 要拒绝 192.168.1.1 的数据包进入（访问控制列表语句为 access‐list 1 deny host 192.168.1.1；access‐list 1 permit any），应把标准访问控制列表放在 R4 的 G0/2 接口上。数据包从 R1 出发经过 R2 到达 R4，对 R4 来说数据包是进入 R4 的 G0/2 接口，访问控制列表的应用方向则为 in。试想如果把标准访问控制列表放在 R2 的 G0/1 接口上会出现什么情况呢？当 192.168.1.1 的数据包到达 R2 的 G0/1 接口时，由于此接口应用了所设定的 ACL，且数据包源地址符合条件，则来自于 192.168.1.1 的数据包被丢弃，而不管此数据包的目的地址是哪里。这样会造成 192.168.1.1 无法访问 192.168.2.0 网段。因此，标准访问控制列表应尽量放在离目标地址近的地方。

10.2.4　标准访问控制列表配置实例

在图 10 - 3 中，如不允许 192.168.1.0 网段的流量经过 R4 路由器，标准访问控制列表可如下配置：

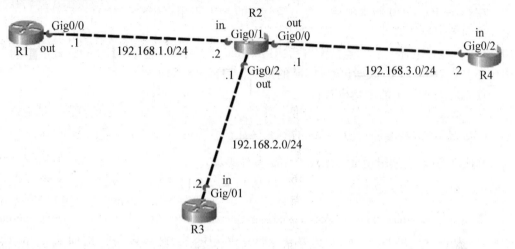

图 10 - 3　ACL 实例拓扑

1. 定义访问控制列表表项

```
R4 (config)#access - list 1 deny  192.168.1.0  0.0.0.255
R4 (config)#access - list 1 permit any
//每个访问控制列表至少应该有一个 permit 语句
```

2. 将访问控制列表应用到路由器接口上

```
R4 (config)#interface g0/2
R4 (config - if)#ip access - group 1 in
//对于 R4 来说，192.168.1.0 网段的流量是进入 R4 的 g0/2 接口。
```

3. 验证

连通性测试：

```
R1#ping 192.168.3.2
Type escape sequence to abort.
Sending 5, 100 - byte ICMP Echos to 192.168.3.2, timeout is 2 seconds:
UUUUU
Success rate is 0 percent (0/5)
```

R4 上查看访问控制列表：

```
R4#show access - lists
Standard IP access list 1
   10 deny 192.168.1.0  0.0.0.255 (5 match(es))
   20 permit any (29 match(es))
```

查看访问控制列表时，每一行是一个条件表项，其中前面的序号（如 10，20）是每一个条件表项所在行的行号，默认情况下行号以 10 开始且以 10 的增量递增（只有 Cisco IOS 12.0 版本以上才有行号标注）。"5 match(es)"表示匹配的次数。

4. 编辑 ACL

在 Cisco IOS 12.0 版本之后，要编辑已有的 ACL 不用再删除原有 ACL 后重建，可以进入访问控制列表编辑模式，通过删除行号和增加行号的方法编辑已有的 ACL。如图 10 – 3 中，经过上述一、二点的配置后，192.168.1.0 网段不能 ping 通 R4，现要增加一条允许 192.168.1.1 的数据包通过 R4 的规则，编辑过程如下：

首先进入 ACL 1 的编辑模式：

```
R4(config)#ip access - list standard 1
//standard 表示标准 ACL,extended 表示扩展 ACL
```

其次在 ACL 的编辑模式中增加、删除条件表项：

```
R4(config - std - nacl)# 5 permit host 192.168.1.1
```

增加行号为 5 的一行条件表项，操作是允许主机 192.168.1.1 通过。注意"permit host 192.168.1.1"的行号为 5，是放在"deny 192.168.1.0 0.0.0.255"前面的，"permit host 192.168.1.1"的作用范围更小。

验证结果：

R1 进行 ping 测试：

```
R1#ping 192.168.3.2
Type escape sequence to abort.
Sending 5, 100 - byte ICMP Echos to 192.168.3.2, timeout is 2 seconds:
!!!!!
Success rate is 100 percent (5/5), round - trip min/avg/max = 0/0/0 ms
```

R2 用扩展 ping 命令测试：

```
R2#ping
Protocol [ip]:
Target IP address: 192.168.3.2
Repeat count [5]:
Datagram size [100]:
Timeout in seconds [2]:
Extended commands [n]: y                    //启用扩展 ping 命令
Source address or interface: 192.168.1.2    //指定 ping 的源地址
Type of service [0]:
Set DF bit in IP header? [no]:
Validate reply data? [no]:
Data pattern [0xABCD]:
Loose, Strict, Record, Timestamp, Verbose[none]:
Sweep range of sizes [n]:
Type escape sequence to abort.
Sending 5, 100 - byte ICMP Echos to 192.168.3.2, timeout is 2 seconds:
Packet sent with a source address of 192.168.1.2
```

```
UUUUU
Success rate is 0 percent (0/5)
```

查看 ACL：

```
R4#show ip access - lists
Standard IP access list 1
    5 permit host 192.168.1.1
    10 deny 192.168.1.0 0.0.0.255 (6 match(es))
    20 permit any (199 match(es))
```

从查看 ACL 的输出可以看到，加的行号为 5 的条件表项"permit host 192.168.1.1"已经放到了最前面。

ACL 配置完成后，如果不需要了可以用下面的方法删除 ACL：

```
R4(config)#no access - list 1        //删除编号是 1 的标准 ACL
R4(config)#int G0/2
R4(config - if)#no ip access - group 1 in        //删除 ACL 在接口上的调用
```

10.3 扩展访问控制列表配置

10.3.1 扩展访问控制列表简介

扩展访问控制列表比标准访问控制列表具有更多的匹配项，包括协议类型、源地址、目的地址、源端口、目的端口、建立连接和 IP 优先级等。图 10 - 4 展示了扩展 ACL 检查数据包的过程。扩展 ACL 给网络管理员带来了更大的灵活性，使网络管理员可以灵活地设计 ACL 的测试条件。

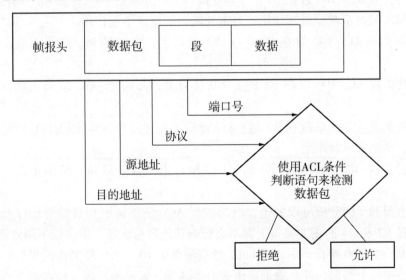

图 10 - 4 扩展 ACL 检查数据包

10.3.2 扩展访问控制列表配置命令格式

扩展访问控制列表的配置过程与标准访问控制列表的配置过程一样。配置条件表项的具体命令格式为：

```
Router(config)#access-list {ACL 编号} {deny|permit|remark} {protocol}
{source source-wildcard} [operator operand] [port port-name or name]
{destination destination-wildcard} [operator operand] [port port-name or
name] [established]
```

ACL 编号：是扩展 ACL 的编号，范围一般为 100～199。

deny | permit | remark：是这条 ACL 条目执行的操作，分别表示拒绝、允许、注释。其中 remark 是添加注释，相当于程序设计中的注释语句。

protocol：代表协议，可以用具体的协议名称代替，比如 TCP、UDP、ICMP、IP 等。

source source-wildcard：表示源地址以及通配符掩码。

Operator：指关系运算符（大于 gt、小于 lt、等于 eq、不等于 neg）。

operator operand：可选项，表示源端口或目标端口。operand 为端口号。

port port-name or name：表示端口号或名称。输入 telnet 和 23 的效果是一样的。

destination destination-wildcard：表示目的地址以及通配符掩码。

established：如果数据包使用一个已建连接，便可允许 TCP 信息通过。

10.3.3 扩展访问控制列表放置位置

扩展访问控制列表放在离源地址近的端口上。如图 10-3 所示，R4 要拒绝 192.168.1.1 访问 192.168.3.2（条件表项语句为 access-list 100 deny ip host 192.168.1.1 host 192.168.3.2；access-list 100 permit any any）。

如果将扩展 ACL 100 放在 R1 的 g 0/0 接口上，方向是 out，结果将不起作用。前面介绍过，ACL 只对穿越流量起作用，对本地起源的流量不起作用。

如果将扩展 ACL 100 放在 R2 的 g 0/1 接口上，方向是 in，结果正确，并无其他影响。

如果将扩展 ACL 100 放在 R2 的 g 0/0 接口上，方向是 out，结果正确，并无其他影响。

如果将扩展 ACL 100 放在 R2 的 g 0/2 接口上，方向是 out，因为目标地址不走这个接口出去，结果将不起作用。

如果将扩展 ACL 100 放在 R4 的 g 0/2 接口上，方向是 in，结果正确，并无其他影响。

经过上面五步的分析可以知道，因为扩展 ACL 是根据源和目的地址以及端口进行过滤，放在 R2 和 R4 的相关接口上都不会影响其他数据流量。但有以下两点需要注意：

放在 R2 的 g0/0 接口，方向是 out，根据前面图 10-1 ACL 工作流程可以知道，路由器会先处理这个数据，并且查询路由表准备转发，转发的时候发现在转发端口上面调用的扩展 ACL 100 中有一个条目匹配,并且动作是阻止,这个数据在这个时候被丢弃。这就浪费了 R2 的 CPU 资源(需要查询路由表)。

如果放在 R4 的 g 0/2 接口,方向是 in,不但会因为一个最终会被丢弃的数据浪费 R2 和 R4 的 CPU 资源,还会造成带宽资源的浪费。

从上面的分析可得出结论,扩展 ACL 应该尽可能地放在靠近源端,这样可以使一些非法的数据流尽早被丢弃。所以在上面的实例中,应将扩展 ACL 100 放置在 R2 的 g 0/1接口上,方向是 in。这是最靠近源的端口。

10.3.4 扩展访问控制列表配置实例

如图 10-3 所示,只允许 192.168.1.1 地址 telnet 到 192.168.3.0 网段,且不允许 192.168.1.1 地址 ping 通 192.168.3.0 网段(其他地址可以 ping 通)。扩展访问控制列表放在离源地址最近的端口上。由于 R1 是数据包的源出发点且路由器不能过滤自己产生的数据包,所以此处的扩展访问控制列表放在 R2 上。但是应用在哪个接口上呢? R1 的数据包从 g 0/1 进入,R3 的数据包从 g 0/2 进入,所有数据包从 g 0/0 出,所以可以将 ACL 应用在端口 g 0/0 上。配置过程如下:

①清除之前配置的标准 ACL:

```
R4 (config)#no access - list 1
R4 (config)#interface g0/2
R4 (config - if)#no ip access - group 1 in
```

②在 R4 上配置 telnet 登录:

```
R4 (config)#line vty 0 4
R4 (config - line)#password zwei
R4 (config - line)#login
```

③在 R2 上配置扩展访问控制列表条件表项:

```
R2 (config)#access - list 100 permit tcp host 192.168.1.1 192.168.3.0 0.0.0.255 eq 23
R2 (config)#access - list 100 deny icmp host 192.168.1.1 192.168.3.0 0.0.0.255
R2 (config)#access - list 100 permit icmp any 192.168.3.0 0.0.0.255
```

④将访问控制列表应用到路由器接口上:

```
R2 (config)#interface g0/0
R2 (config - if)#ip access - group 100 out
```

⑤验证:

```
R1 ping R4:
R1#ping 192.168.3.2
Type escape sequence to abort.
```

```
Sending 5, 100 - byte ICMP Echos to 192.168.3.2, timeout is 2 seconds:
UUUUU
Success rate is 0 percent (0/5)

R1 telnet R4:
R1#telnet 192.168.3.2
Trying 192.168.3.2... Open
User Access Verification
Password:            //此处输入的密码是没有显示的
R4 >

R3 ping R4:
R3#ping 192.168.3.2
Type escape sequence to abort.
Sending 5, 100 - byte ICMP Echos to 192.168.3.2, timeout is 2 seconds:
!!!!!
Success rate is 100 percent (5/5), round - trip min/avg/max = 0/0/0 ms

R3 telnet R4
R3#telnet 192.168.3.2
Trying 192.168.3.2...
%Connection timed out; remote host not responding
//R3 telnet R4 输出显示"连接超时,远程主机无响应"正是访问控制列表丢掉了 R3 的 telnet
//数据包造成的
```

查看 ACL：

```
R2#show access - lists
Extended IP access list 100
    10 permit tcp host 192.168.1.1  192.168.3.0  0.0.0.255 eq telnet (11 match(es))
    20 deny icmp host 192.168.1.1  192.168.3.0  0.0.0.255 (5 match(es))
    30 permit icmp any 192.168.3.0  0.0.0.255 (5 match(es))
```

10.4　命名访问控制列表的配置

10.4.1　命名访问控制列表简介

使用一组字符串（名字）来代替前面标准和扩展 ACL 中的 ACL 编号，这样的 ACL 称为命名 ACL。命名 ACL 可以为标准 ACL 也可以为扩展 ACL。命名 ACL 可以被用来从某一特定的 ACL 中删除个别条件表项，这样可以让网络管理员方便地修改 ACL。另外，多个 ACL 不能使用相同的名字，也不能使用相同的名字来命名不同类型的 ACL。比如，不能使用相同的名字来命名一个标准 ACL 和一个扩展 ACL。

10.4.2　命名访问控制列表配置命令格式

配置命名 ACL 分为三步：

①建立标准或扩展的命名 ACL，命令格式如下：

```
router(config)#ip access-list {standard | extended}  access-list-name
```

如果建立标准命名 ACL，则选择 standard；建立扩展命名 ACL 则选择 extended。access-list-name 为命名 ACL 的名字。

②在 ACL 配置模式下通过指定一个或多个允许或拒绝条件来决定数据包是允许通过还是被丢弃，命令格式如下：

```
Router(config-{std | ext}-nacl)#{deny | permit}{标准访问控制列表表述 |
扩展访问控制列表表述}
```

"Router(config-std-nacl)#"是标准命名 ACL 配置模式；"Router(config-ext-nacl)#"是扩展命名 ACL 配置模式。

③将命名 ACL 应用到接口：

```
router(config-if)#ip access-group {access-list-name} {in | out}
```

10.4.3　命名访问控制列表配置实例

1. 配置标准命名 ACL

在此我们把 10.3.4 节中的标准 ACL 改成标准命名 ACL。

```
R4(config)#ip access-list standard deny-r1
R4(config-std-nacl)#deny 192.168.1.0  0.0.0.255
R4(config-std-nacl)#permit any
R4(config-std-nacl)#exit
R4(config)#inter g0/2
R4(config-if)#ip access-group deny-r1 in
```

查看 ACL：

```
R4#show access-lists
Standard IP access list deny-r1
    10 deny 192.168.1.0  0.0.0.255
    20 permit any
```

2. 配置扩展命名 ACL

在此我们把 10.3.4 节中的扩展 ACL 改成扩展命名 ACL。

清除配置的标准命名 ACL：

```
R4 (config)#no ip access-list standard deny-r1
R4 (config)#interface g0/2
R4 (config-if)# no ip access-group deny-r1 in
```

配置扩展命名 ACL：

```
R2 (config)#ip access-list extended per-r1t-den-r1pi
R2 (config-ext-nacl)#permit tcp host 192.168.1.1  192.168.3.0  0.0.0.255
eq 23
R2 (config-ext-nacl)#deny icmp host 192.168.1.1  192.168.3.0  0.0.0.255
R2 (config-ext-nacl)#permit icmp any 192.168.3.0  0.0.0.255
R2 (config-ext-nacl)#exit
R2 (config)#interface g0/0
R2 (config-if)#ip access-group per-r1t-den-r1pi out
```

查看扩展命名 ACL：

```
R2#show access-lists
Extended IP access list per-r1t-den-r1pi
    10 permit tcp host 192.168.1.1  192.168.3.0  0.0.0.255 eq telnet
    20 deny icmp host 192.168.1.1  192.168.3.0  0.0.0.255
    30 permit icmp any 192.168.3.0  0.0.0.255
```

10.5　基于时间的 ACL 的配置

10.5.1　基于时间的访问控制列表简介

　　基于时间的 ACL 由两部分构成，第一部分是定义的时间段，第二部分是用扩展访问控制列表定义的规则。应用基于时间的 ACL 的路由器会根据路由器本身的系统时间来匹配基于时间的 ACL 中的时间段，若时间段匹配则根据扩展访问控制列表中的规则允许数据包通过或丢弃。

10.5.2　基于时间的 ACL 配置命令格式

　　1. 定义一个时间范围及其名字

```
Router(config)#time-range {time-range-name}
```

　　time-range-name. 给时间范围取的名字。

　　2. 在时间范围配置模式中，定义 ACL 的生效时间

　　定义生效时间有两个关键字：periodic 和 absolute。可以用这两个关键字或它们的组合来定义生效时间。命令如下：

```
Router(config-time-range)#periodic {days-of-the week hh:mm} to {days-of-
the week hh:mm}
```

```
Router(config-time-range)#absolute [start time date] [end time date]
```

Periodic．为时间范围指定一个重复发生的开始和结束时间。

"days-of-the week"参数可以是下列参数：Monday、Tuesday、Wednesday、Thursday、Friday、Saturday、Sunday、daily、weekdays、weekend。

Absolute．为时间范围指定一个绝对的开始和结束时间。

start 和 end 两个关键字后面的时间要以 24 小时制 hh：mm（小时：分钟）表示，日期要按日/月/年表示。Start 或 end 可以省略。如果省略 start 及其后面的时间，那表示与之相联系的 permit 或 deny 语句立即生效，并一直作用到 end 处的时间为止。若省略 end 及其后面的时间，那表示与之相联系的 permit 或 deny 语句在 start 处表示的时间开始生效，并且永远发生作用。当然，把访问列表删除了的话就不会起作用了。

一个时间范围只能有一个 absolute 语句，但是可以有几个 periodic 语句。

3. 将时间段与扩展 ACL 结合

```
Router(config)#access-list 100 permit tcp any 192.168.1.0   0.0.0.255 eq 80
time-range zwei        //zwei 为时间范围的名字
```

10.5.3 基于时间访问控制列表的配置实例

在图 10-3 中，要求在 2017 年 10 月 8 日至 2017 年 12 月 31 日期间的周一至周五的工作时间（8 点至 12 点，14 点至 17 点）不能访问 192.168.3.0 网段。具体配置为：

```
R2(config)#time-range zwei

R2(config-time-range)#absolute start 00:00 8 october 2016 end 23:59 31
december 2017

R2(config-time-range)#periodic weekdays 08:00 to 12:00

R2(config-time-range)#periodic weekdays 14:00 to 17:00

R2(config-time-range)#exit

R2(config)# access-list 101 deny ip any 192.168.3.0   0.0.0.255  time-
range zwei

R2(config)#access-list 101 permit ip any any

R2(config)#interface g0/0

R2(config-if)#ip access-group 101 out
```

结果验证：

```
R2#show time-range
time-range entry: zwei (active)
```

```
     absolute start 00:00 08 October 2017 end 23:59 31 December 2016
     periodic weekdays 08:00 to 12:00
     periodic weekdays 14:00 to 17:00
     used in: IP ACL entry
R2#show access-lists
Extended IP access list 101
    10 deny ip any 192.168.3.0  0.0.0.255 time-range zwei (active)
    20 permit ip any any
```

10.6 反向 ACL 的配置

10.6.1 反向 ACL 简介

反向访问控制列表属于 ACL 的一种高级应用，它可以阻止某网段主动连接另外一个网段的请求。如图 10 – 5 所示，Server 1、Server 2 两个服务器，要求 Server 2 能访问 Server 1 的网站，Server 1 不能访问 Server 2 的网站，此处就需要反向 ACL。通信是双向的，即 Server 2 向 Server 1 传递了消息，Server 1 要向 Server 2 进行应答反馈。那么反向 ACL 就是 Server 2 在没有主动连接 Server 2 的时候，Server 1 是不能访问 Server 2 的，只有在 Server 2 主动与 Server 1 网段建立连接的情况下 Server 1 才能与 Server 2 通信。

Server 1:192.168.1.1   Gig0/0 Gig0/1   Server 2:192.168.2.1

图 10 – 5　反向 ACL 拓扑

10.6.2 反向 ACL 的配置实例

反向访问控制列表的配置非常简单，只要在配置好的扩展访问列表最后加上 established 即可。图 10 – 5 中，Server 2 能访问 Server 1，但是 Server 1 不能访问 Server 2，具体配置如下：

```
R2(config)#access-list 101 permit tcp 192.168.1.0 0.0.0.255 192.168.2.0
0.0.0.255 established
R2(config)#inter g0/1
R2(config-if)#ip access-group 101 out
```

测试结果：

Server 1 访问 Server 2 超时，如图 10 –6 所示。

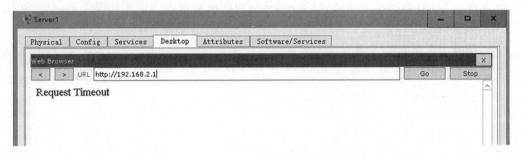

图 10 –6　Server 1 访问 Server 2 超时

Server 2 访问 Server 1 成功，如图 10 –7 所示。

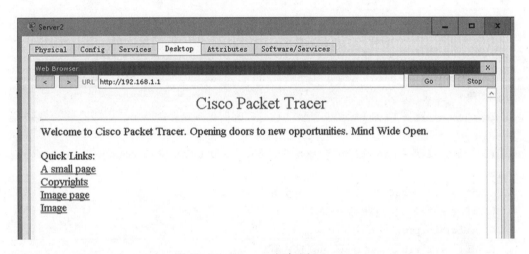

图 10 –7　Server 2 成功访问 Server 1

10.7　项目实施：ACL 在网络中的应用

1. 发包方项目要求

公司内网中有很多部门，每个部门一个 VLAN。部门与部门之间有访问控制要求，如财务服务器 172. 16. 100. 10 只允许 VLAN 100 内部访问，其他任何网段都不能访问；公司内网的 FTP 服务器（172. 16. 3. 240）只允许 VLAN 100、VLAN 200、VLAN 210、VLAN 220 所属的网段访问；工作日的上午工作时间（9 点至 11 点 30 分）不能访问外网。

2. 接包方对项目分析

内网的访问控制可以用访问控制列表来实现。财务部服务器不允许外部访问可以设定主机 172. 16. 100. 10 不能访问任何外部网络，那么可以在汇聚交换机 HJ1 上配置标准访问控制列表拒绝主机 172. 16. 100. 10 出去；内网 FTP 服务器只允许部分网段访问，同样流量来自不同部门，此处的扩展 ACL 可以放在两个核心交换机连接服务器的接口上；工作日的上午工作时间不能访问外网，这里对时间有要求，因此可用基于时间的 ACL，此 ACL 放在网络出口 R1 上。

3. 项目配置实施

（1）在 HJ1 上阻止外部流量访问财务部服务器 172.16.100.10：

```
HJ1(config)#access - list 1 deny host 172.16.100.10
HJ1(config)#access - list 1 permit any
HJ1(config)#inter vlan 1
HJ1(config - if)#ip access - group 1 out
```

（2）在 C1 上不允许 VLAN 110、VLAN 230、VLAN 240、VLAN 250 访问 FTP 服务器：

```
C1(config)#ip access - list extended 100
C1(config - ext - nacl)#deny tcp 172.16.110.0 0.0.0.255 host 172.16.3.240
eq 21
C1(config - ext - nacl)#deny tcp 172.16.230.0 0.0.0.255 host 172.16.3.240
eq 21
C1(config - ext - nacl)#deny tcp 172.16.240.0 0.0.0.255 host 172.16.3.240
eq 21
C1(config - ext - nacl)#deny tcp 172.16.250.0 0.0.0.255 host 172.16.3.240
eq 21
C1(config - ext - nacl)#permit ip any any
C1(config - ext - nacl)#exit
C1(config)#interface e1/1
C1(config - if)#ip access - group 100 out
```

（3）在 C2 上允许 VLAN 100、VLAN 200、VLAN 210、VLAN 220 访问：

```
C2(config)#ip access - list extended permit - 100200210220 - ftp
C2(config - ext - nacl)#deny tcp 172.16.110.0 0.0.0.255 host 172.16.3.240
eq 21
C2(config - ext - nacl)#deny tcp 172.16.230.0 0.0.0.255 host 172.16.3.240
eq 21
C2(config - ext - nacl)#deny tcp 172.16.240.0 0.0.0.255 host 172.16.3.240
eq 21
C2(config - ext - nacl)#deny tcp 172.16.250.0 0.0.0.255 host 172.16.3.240
eq 21
C2(config - ext - nacl)#permit ip any any
C2(config - ext - nacl)#exit
C2(config)#interface e1/1
C2(config - if)#ip access - group permit - 100200210220 - ftp out
```

（4）在 R1 上阻止工作日的上午 9 点至 11 点 30 分访问外网：

```
R1(config)#time - range deny - weekday - morning
R1(config - time - range)#periodic weekdays 9:00 to 11:30
R1(config - time - range)#exit
R1(config)#ip access - list extended deny - weekdays
R1(config - ext - nacl)#deny ip any any time - range deny - weekday - morning
R1(config - ext - nacl)#permit ip any any
R1(config - ext - nacl)#exit
R1(config)#inter range e0/0 -1
R1(config - if - range)#ip access - group deny - weekdays in
```

（5）测试验证。HJ3 与 172.16.100.10 的连通性测试：

```
HJ3#ping 172.16.100.10
Type escape sequence to abort.
Sending 5, 100 - byte ICMP Echos to 172.16.100.10, timeout is 2 seconds:
.....
Success rate is 0 percent (0/5)
```

HJ3 与外网的连通性测试：

①查看 R1 的时间，HJ3 与外网的连通性测试：

```
R1#show clock
* 08:15:43.141 UTC Thu Nov 17 2016


HJ3#ping 1.1.1.2
Type escape sequence to abort.
Sending 5, 100 - byte ICMP Echos to 1.1.1.2, timeout is 2 seconds:
!!!!!
Success rate is 100 percent (5/5), round - trip min/avg/max = 20/47/72 ms
```

②修改 R1 的时间后，HJ3 与外网的连通性测试：

```
R1#clock set 9:30:25 17 nov 2016


HJ3#ping 1.1.1.2
Type escape sequence to abort.
Sending 5, 100 - byte ICMP Echos to 1.1.1.2, timeout is 2 seconds:
UUUUU
Success rate is 0 percent (0/5)
```

4. 排错时的注意事项

（1）访问控制列表只对穿越流量起作用。

（2）标准列表应该尽可能应用在靠近目标端。

（3）扩展访问列表应该尽可能应用在靠近源端。

（4）ACL条目的放置顺序很重要，如果两条语句放置的前后都不影响结果，一般将使用较多的那条放在前面，这样可以减少路由器的查找时间。

（5）IP访问控制列表中最后隐含为拒绝所有，没有匹配到任何语句的流量将被拒绝。

（6）同一个访问控制列表可以应用在同一台路由器的不同接口上；对于每个协议的每个接口的每个方向，只能提供一个访问控制列表。

（7）没有携带条目号对ACL的编辑，比如添加操作，条目默认添加在ACL的最后面。

（8）在配置基于时间访问控制列表时，如果访问控制列表中的时间范围名称不存在，则此访问控制列表一直生效不受时间控制。

11 网络地址转换

11.1 NAT 概述

RFC 1631、RFC 3022 以及相关 RFC 定义的网络地址转换（NAT，Network Address Translator）是一种将 IP 地址从一个编址域映射到另一个编址域的方法，典型的应用是把 RFC 1918 定义的私有 IP 地址映射到 Internet 所使用的公有 IP 地址。

1. NAT 的技术背景

随着 Internet 的发展和网络应用的增多，IPv4 地址枯竭已成为制约网络发展的瓶颈。尽管 IPv6 可以从根本上解决 IPv4 地址空间不足问题，但目前众多网络设备和网络应用大多是基于 IPv4 的，因此在 IPv6 广泛应用之前，一些过渡技术（如 CIDR、私网地址等）是解决这个问题的最主要技术手段。

其中，使用私网地址之所以能够节省 IPv4 地址，主要是利用了这样一个事实：一个局域网中在一定时间内只有很少的主机需访问外部网络，而80%左右的流量只局限于局域网内部。由于局域网内部的互访可通过私网地址实现，且私网地址在不同局域网内可重复利用，因此私网地址的使用能有效缓解 IPv4 地址不足的问题。当局域网内的主机要访问外部网络时，只需通过 NAT 技术将其私网地址转换为公网地址即可，这样既可保证网络互通，又节省了公网地址。RFC 1918 为私有网络预留出了三类 IP 地址块：

A 类：10. 0. 0. 0～10. 255. 255. 255

B 类：172. 16. 0. 0～172. 31. 255. 255

C 类：192. 168. 0. 0～192. 168. 255. 255

2. NAT 术语

（1）内部网络（Inside Network）。NAT 设备上被定义为 Inside 的接口所连接的网络，一般是局域网。

（2）外部网络（Outside Network）。NAT 设备上被定义为 Outside 的接口所连接的网络，一般是广域网。

（3）内部局部地址。指定给内部主机使用的地址，一般为私有地址。

（4）内部全局地址。从 ISP 或 NIC 获取的注册过的地址，为合法的公网地址，是内部主机地址被 NAT 转换后的公网地址。

（5）外部局部地址。外部网络中的内部主机地址。这个地址不一定是公网上的合法地址，如另一个局域网里面的内部地址。

（6）外部全局地址。外部网络主机的公网 IP。

（7）地址池。NIC 或 ISP 分配的多个公网地址组成的集合。

图 11 - 1 显示了 NAT 转换拓扑结构中的各种地址情况。

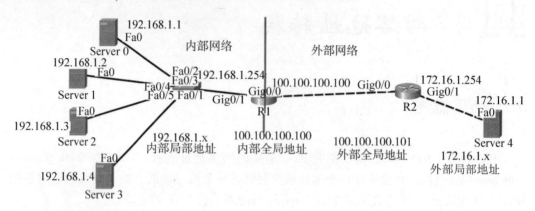

图 11 - 1　NAT 中各类地址

3. NAT 工作原理

当内部网络中的一台主机要传输数据到外部网络时，它先将数据包传输到 NAT 路由器上。路由器检查数据包的报头，获取该数据包的源 IP 信息，并从它的 NAT 映射表中找出与该 IP 匹配的转换条目，用所选用的内部全局地址（全球唯一的 IP 地址）来替换内部局部地址，并转发数据包。

当外部网络对内部主机进行应答时，数据包被送到 NAT 路由器上。路由器接收到目的地址为内部全局地址的数据包后，它将用内部全局地址通过 NAT 映射表查找出内部局部地址，然后将数据包的目的地址替换成内部局部地址，并将数据包转发到内部主机。

由于 NAT 的分类不同，各类 NAT 的具体工作原理将在后面介绍。

11.2　NAT 的分类

从功能上看，主要有以下几种典型的 NAT（RFC 2663），如图 11 - 2 所示。

1. 传统 NAT

在多数情况下，传统 NAT 允许位于内部网络的主机（采用 RFC 1918 地址）透明地访问外部网络中的主机，把从外部网络到内部网络的访问作为一种特例。本章主要讨论传统 NAT。有关传统 NAT 的详细描述见 RFC 1631 和 RFC 3022。传统 NAT 包括基本 NAT 和 NAPT 两大类。

（1）基本 NAT。基本 NAT 又可以分为两类：静态 NAT 和动态 NAT。静态 NAT 的工作原理是将内部网络中的每个 IP 地址（可以是私有 IP 地址、公有 IP 地址）永久映射成外部网络中的某个 IP 地址。动态 NAT 也可以称作 NAT 池。动态 NAT 的工作原理是在

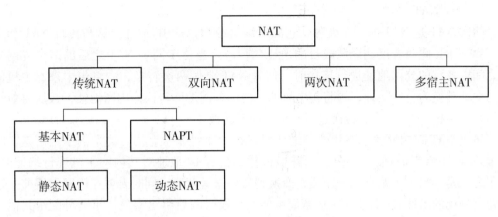

图 11 - 2 NAT 分类

外部网络中定义一系列的 IP 地址，采用动态分配的方法映射到内部网络中的 IP 地址上。

采用动态 NAT 意味着可以在内部网中定义很多内部用户，通过动态分配的办法共享很少的几个外部 IP 地址。而静态 NAT 则只能形成一一对应的固定映射方式。需要注意的是，动态 NAT 中动态分配的外部 IP 地址全部被占用后，后续的 NAT 申请将会失败。不过，许多 NAT 有超时配置功能，可以在一定程度上提高外部 IP 的利用率和用户满意度。

（2）NAPT（Network Address Port Translation）。NAPT 把基本 NAT 的概念延伸了一步，在翻译 IP 地址的同时也翻译传输层标识（如 TCP/UDP 的端口号，ICMP 的查询 ID），从而把多个内网主机的传输层标识映射到一个外部 IP 地址上。NAPT 可以使一组主机共享一个外部 IP 地址。在实际使用中可以把 NAPT 和基本 NAT 结合起来。

对于从内部网络向外的数据包，NAPT 翻译源 IP 地址、源传输层标识以及相关字段，如 IP、TCP、UDP 和 ICMP 头校验和。对于进入内部网络的数据包 NAPT，翻译目的 IP 地址、目的传输层标识以及相关字段。传输层标识可以是 TCP/UDP 端口号或 ICMP 查询 ID 中的任意一种。

2. 双向 NAT

双向 NAT（Bi - directional Nat、Two - way NAT）支持从内部网络向外部网络发起会话请求，也支持从外部网络向内部网络发起会话请求。当在外出或进入任何一个方向上建立连接时，把内部网络 IP 地址静态或动态地映射到一个外部 IP 地址上。这里假设位于内部网络和外部网络之间的名字空间（FQDN，Fully Qualified Domain Names）是端到端唯一的，因为只有这样才能使位于外部编址域的主机利用域名系统（DNS）访问内部网络主机。在双向 NAT 上必须部署 DNS - ALG（DNS - Application Level Gateway，参阅 RFC 2694）以处理名字到地址的映射。当一个 DNS 包需要穿越内部和外部编址域时，DNS - ALG 必须能够将 DNS 查询和响应消息中的内部地址翻译成外部地址，或把外部地址翻译成内部地址。

3. 两次 NAT

两次 NAT 是 NAT 的一个变种，它同时修改源和目的 IP 地址。这与传统 NAT 和双向 NAT 不同(此两者仅翻译源或目的地址/端口)。当位于同一 NAT 之后的两台内网主机之间以各自的公网地址进行连接时，这时 NAT 要做两次转换，先将包中来源主机的内网地址转换为公网地址，再将包中目的主机的公网地址转换为内网地址，最后将包转发给目的主机。上述 NAT 转换过程也称为回环转换。

两次 NAT 在内部编址域和外部编址域存在冲突时非常有用。典型例子之一是，当一个站点(不恰当地)使用已分配给其他机构的公有 IP 地址对其内网主机进行编址时；例子之二是，当一个站点从一家运营商换到另一家运营商，同时希望在内部保留前一家运营商分配的地址时(而前一家运营商可能在一段时间后将这些地址重新分配给其他人使用)。在这些情况下，非常关键的一点就是外部网络的主机可能会分配得到以前已经分配给内网主机的同一地址。如果该地址碰巧出现在某个数据包中，则应该将它转发给内网主机，而不是通过 NAT 转发给外部编址域。两次 NAT 通过同时翻译 IP 包的源地址和目的地址，试图桥接这些编址域，从而解决了地址冲突的问题。

4. 多宿主 NAT

使用 NAT 会带来很多问题(RFC 2993)。如 NAT 设备要为经过它的会话维护状态信息，而一个会话的请求和响应必须通过同一 NAT 设备做路由，因此通常要求支持 NAT 的域边界路由器必须是唯一的，所有的 IP 包发起自或终结在该域。但这种配置将 NAT 设备变成了可能的单点故障点。

为了让一个内部网络能够在某个 NAT 链路出故障的情况下也可以保持与外部网络连通，通常希望内部到相同或不同的 ISP 具有多条连接(多宿主的，Multihomed NAT)，希望经过相同或不同的 NAT 设备。共享相同的 NAT 设备能够为多个 NAT 相互之间提供故障备份。在这种情况下，有必要让备份 NAT 设备交换状态信息，以便当主 NAT 出现故障时，备份 NAT 能够透明地保持会话。

5. NAT 的优缺点

NAT 的运用解决了许多实际问题，但同时也存在一些不便。NAT 的优缺点见表11－1。

表 11－1 NAT 的优缺点

NAT 的优点	NAT 的缺点
(1)局域网内保持私有 IP，无须改变，只改变路由器，做 NAT 转换，就可上外网； (2)NAT 节省了大量的地址空间； (3)NAT 隐藏了内部网络拓扑结构	(1)NAT 增加了延迟； (2)NAT 隐藏了端到端的地址，丢失了 IP 地址的跟踪，不能支持一些特定的应用程序； (3)需要更多的资源如内存、CPU 来处理 NAT

11.3 NAT 的配置

NAT 的主要配置命令有:

```
Router(config-if)#ip nat inside   //定义入口(内网接口),可以有多个入口
Router(config-if)#ip nat outside //定义出口(外网接口),只有一个出口
Router(config)#ip nat inside source static 内部私有地址   内部公有地址
//建立私有与公有地址之间一对一的静态映射.用 no ip nat inside source static 删除静
//态映射
Router(config)# ip nat pool 地址池名   开始内部公有地址   结束内部公有地址
{netmask 子网掩码 | prefix-length 前缀长度}[rotary]
//建立一个公有地址池.用 no ip nat pool 删除公有地址池
//rotary 为可选项.该参数表明地址池中的内部主机号将要对外网的 TCP 访问负载分担
Router(config)#ip nat inside source   list 号码 pool 地址池名
//配置基于源地址的动态 NAT,用 no ip nat inside source 删除动态映射."list 号码"是配置
//的访问控制列表
Router(config)#ip nat inside source list 号码 pool 地址池名   overload
//配置基于源地址的动态 NAPT.用 no ip nat inside source 删除动态 NAPT 映射
Router(config)#ip nat outside destination list 号码 pool 地址池名
//对从外网来的符合访问控制列表的数据包进行转换,把数据包的目标地址转换为地址池中的地
//址.这种做法经常用于内网的多台服务器对外网的访问做负载分担
```

11.3.1 静态 NAT 配置

静态转换是指将内部网络的私有 IP 地址转换为公有 IP 地址。IP 地址对是一对一的,是一成不变的,某个私有 IP 地址只转换为某个公有 IP 地址。借助于静态转换,可以实现外部网络对内部网络中某些特定设备(如服务器)的访问。其转换过程如图 11-3 所示。

静态 NAT 的主要配置步骤:

①定义内网接口和外网接口。

②建立静态的一对一的映射关系。

以图 11-1 为例,静态 NAT 的详细配置如下:

```
R1(config)#inter g0/1
R1(config-if)#ip nat inside   //将 g0/1 接口指定为内部接口
R1(config-if)#exit
R1(config)#inter g0/0
R1(config-if)#ip nat outside   //将 g0/0 接口指定为外部接口
R1(config)#ip nat inside source static 192.168.1.1 100.100.100.100
```

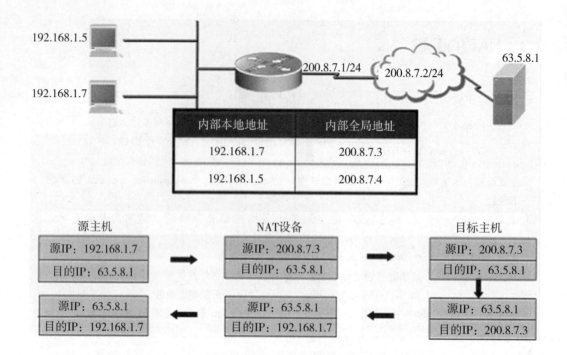

图 11 - 3　静态 NAT 转换过程

验证信息如下：

```
R1#debug ip nat          //打开 nat 的调试信息
IP NAT debugging is on
R1#
NAT: s =192.168.1.1 - >100.100.100.100, d =100.100.100.101 [1]
//将源地址 192.168.1.1 转换成公网地址 100.100.100.100
NAT: s =192.168.1.1 - >100.100.100.100, d =100.100.100.101 [2]
NAT* : s =100.100.100.101, d =100.100.100.100 - >192.168.1.1 [1]
//上面一条外网返回来的响应,根据 R1 保存的转换关系表将目标地址转换成内网地址送达内网
//主机
NAT: s =192.168.1.1 - >100.100.100.100, d =100.100.100.101 [3]
NAT* : s =100.100.100.101, d =100.100.100.100 - >192.168.1.1 [2]
NAT: s =192.168.1.1 - >100.100.100.100, d =100.100.100.101 [4]
NAT* : s =100.100.100.101, d =100.100.100.100 - >192.168.1.1 [3]
NAT: expiring 100.100.100.100 (192.168.1.1) icmp 1 (1)
//当转换关系超时后,NAT 设备提示的信息
NAT: expiring 100.100.100.100 (192.168.1.1) icmp 2 (2)
NAT: expiring 100.100.100.100 (192.168.1.1) icmp 3 (3)
NAT: expiring 100.100.100.100 (192.168.1.1) icmp 4 (4)

R1#show ip nat translations   //查看转换关系
```

```
Pro   Inside global      Inside local      Outside local        Outside global
icmp 100.100.100.100:10 192.168.1.1:10   100.100.100.101:10   100.100.100.101:10
icmp 100.100.100.100:11 192.168.1.1:11   100.100.100.101:11   100.100.100.101:11
icmp 100.100.100.100:12 192.168.1.1:12   100.100.100.101:12   100.100.100.101:12
icmp 100.100.100.100:9  192.168.1.1:9    100.100.100.101:9    100.100.100.101:9
- - -  100.100.100.100  192.168.1.1      - - -                - - -
```

11.3.2　动态 NAT 的配置

　　动态转换是指将内部网络的私有 IP 地址转换为公网 IP 地址时，所使用的公网 IP 地址是不确定的，是随机的。所有被授权访问 Internet 的私有 IP 地址可随机转换为任何指定的合法公网 IP 地址。也就是说，只要指定哪些内部地址可以进行转换，以及用哪些合法地址作为外部地址时，就可以进行动态转换。动态转换可以使用多个合法外部地址集。当 ISP 提供的合法 IP 地址略少于网络内部的计算机数量时，可以采用动态转换的方式。其转换过程如图 11 - 4 所示，当源主机 192.168.1.5 第一次访问外网时转换成公网 IP 200.8.7.3，第二次访问时转换成公网 IP 200.8.7.4。当公网 IP 被使用完时，内网主机将不能转换成公网 IP 访问外网。

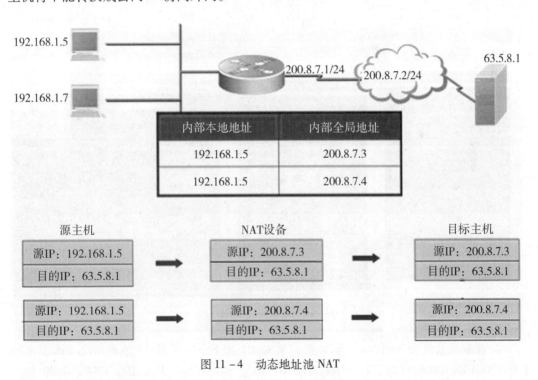

图 11 - 4　动态地址池 NAT

动态 NAT 的配置步骤：
①定义内网接口和外网接口。
②定义访问控制列表(允许进行转换的内部局部地址范围)。

③定义转换的外网地址池(ISP 提供的全局地址池)。

④建立映射关系。

以图 11 – 1 为例,动态 NAT 的详细配置如下:

```
R1(config)#interface G0/1
R1(config-if)#ip nat inside          //定义内部接口
R1(config-if)#interface g0/0
R1(config-if)#ip nat outside         //定义外部接口
R1(config)#access-list 1 permit 192.168.1.0 0.0.0.255 //定义允许转换的内网地址
R1(config)#ip nat pool zwei 100.100.100.99 100.100.100.100 netmask 255.255.255.0
//定义动态地址池,地址池名称为"zwei"
//外网地址池 ip 范围100.100.100.99 ～ 100.100.100.100
R1(config)#ip nat inside source list 1 pool zwei //定义地址池转换的映射关系. 在
//定义映射关系时,如果没有地址池即所获取的公网 IP 只有一个,可以将内网地址转换成连接
//公网的这个 IP,其命令为"in nat inside source list 列表号 interface 接口"
```

验证信息如下:

在图 11 – 1 中按顺序用 Server 3、Server 2、Server 1ping R2 的公网 IP, Server 3、Server 2 能 ping 通, Server 1ping 不通, 如图 11 – 5 所示。

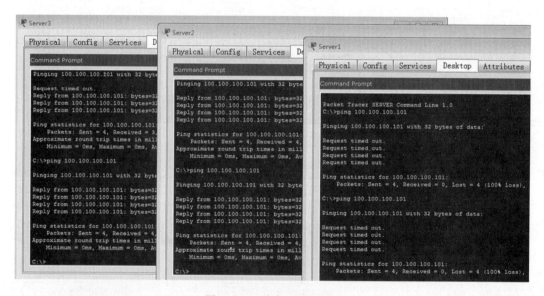

图 11 – 5 动态 NAT 测试

查看调试信息和 NAT 的转换关系, 可知 R1 把 Server 3 的 IP 地址 192.168.1.4 和 100.100.100.100 相对应, 把 Server 2 的 IP 地址 192.168.1.3 和 100.100.100.99 相对应, Server 1 的 192.168.1.2 地址没有进行转换, 究其原因是 R1 的地址池只有两个公网 IP, 当供转换的公网 IP 用完后, 后续的内网地址将不能进行转换。

```
R1#debug ip nat
IP NAT debugging is on
R1#
NAT: s =192.168.1.4 - >100.100.100.100, d =100.100.100.101 [17]
NAT* : s =100.100.100.101, d =100.100.100.100 - >192.168.1.4 [36]
NAT: s =192.168.1.4 - >100.100.100.100, d =100.100.100.101 [18]
NAT* : s =100.100.100.101, d =100.100.100.100 - >192.168.1.4 [37]
NAT: s =192.168.1.4 - >100.100.100.100, d =100.100.100.101 [19]
NAT* : s =100.100.100.101, d =100.100.100.100 - >192.168.1.4 [38]
NAT: s =192.168.1.4 - >100.100.100.100, d =100.100.100.101 [20]
NAT* : s =100.100.100.101, d =100.100.100.100 - >192.168.1.4 [39]
NAT: s =192.168.1.3 - >100.100.100.99, d =100.100.100.101 [21]
NAT* : s =100.100.100.101, d =100.100.100.99 - >192.168.1.3 [40]
NAT: s =192.168.1.3 - >100.100.100.99, d =100.100.100.101 [22]
NAT* : s =100.100.100.101, d =100.100.100.99 - >192.168.1.3 [41]
NAT: s =192.168.1.3 - >100.100.100.99, d =100.100.100.101 [23]
NAT* : s =100.100.100.101, d =100.100.100.99 - >192.168.1.3 [42]
NAT: s =192.168.1.3 - >100.100.100.99, d =100.100.100.101 [24]
NAT* : s =100.100.100.101, d =100.100.100.99 - >192.168.1.3 [43]

R1#show ip nat translations
Pro   Inside global      Inside local      Outside local        Outside global
icmp 100.100.100.100:17 192.168.1.4:17   100.100.100.101:17   100.100.100.101:17
icmp 100.100.100.100:18 192.168.1.4:18   100.100.100.101:18   100.100.100.101:18
icmp 100.100.100.100:19 192.168.1.4:19   100.100.100.101:19   100.100.100.101:19
icmp 100.100.100.100:20 192.168.1.4:20   100.100.100.101:20   100.100.100.101:20
icmp 100.100.100.99:21  192.168.1.3:21   100.100.100.101:21   100.100.100.101:21
icmp 100.100.100.99:22  192.168.1.3:22   100.100.100.101:22   100.100.100.101:22
icmp 100.100.100.99:23  192.168.1.3:23   100.100.100.101:23   100.100.100.101:23
icmp 100.100.100.99:24  192.168.1.3:24   100.100.100.101:24   100.100.100.101:24
```

11.3.3 NAPT 的配置

NAPT 是指改变外出数据包的源端口并进行端口转换，即端口地址转换（PAT，Port Address Translation）。端口地址转换采用端口多路复用方式。内部网络的所有主机均可共享一个合法外部 IP 地址或一个合法外部 IP 地址的集合实现对 Internet 的访问，从而可以最大限度地节约 IP 地址资源。同时，又可隐藏网络内部的所有主机，有效避免来自 Internet 的攻击。NAPT 与动态地址 NAT 不同，它将内部连接映射到外部网络中的一个单独的 IP 地址上，同时在该地址上加上一个由 NAT 设备选定的 TCP 端口号。NAPT 的转换关系如图 11－6 所示。

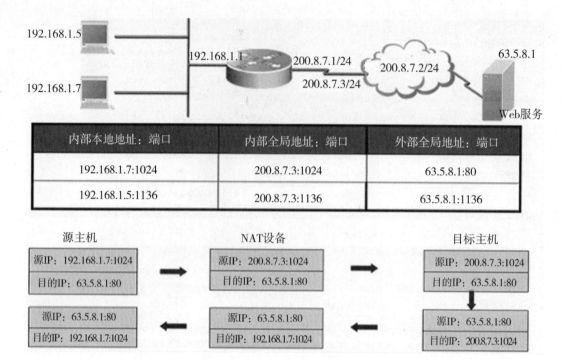

图 11-6　NAPT 转换

NAPT 又分为静态 PAT 和动态 PAT。静态 PAT 是 NAT 设备在做地址转换时把内网某个计算机的 IP 地址和端口号组合映射到固定的公网 IP 和端口号组合上。比如把内网 web 服务器的 80 端口映射到公网 IP 的 80 端口上就相当于端口映射，或者说是把内网的服务器发布到外网。动态 PAT 则是 NAT 设备进行地址转换时把内网计算机的 IP 地址和端口组合映射到公网 IP 地址池中的某个地址和端口的组合上。这种映射关系是动态的，不是固定的。

1. 静态 PAT 的配置步骤

①定义内网接口和外网接口。

②建立静态的映射关系。

```
Router(config)#ip nat inside source static 协议 内网源地址 内网地址源端口 公
网地址 公网地址端口号
```

以图 11-1 为例，把 server 0 的 80 端口映射到 100.100.100.100 的 80 端口上，外网能够打开 server 0 的网页。具体配置为：

```
R1(config)#interface g0/1
R1(config-if)#ip nat inside
R1(config-if)#exit
R1(config)#interface g0/0
R1(config-if)#ip nat outside
R1(config)#ip nat inside source static tcp 192.168.1.1 80 100.100.100.100 80
```

验证配置:

①172.16.1.1 访问内网 server 0 网页,结果如图 11-7 所示。

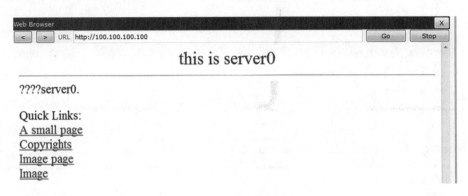

图 11-7　外网访问内网网站

②查看转换关系。

```
R1#show ip nat tr
R1#show ip nat translations
Pro    Inside global       Inside local      Outside local       Outside global
tcp    100.100.100.100:80  192.168.1.1:80    172.16.1.1:1025     172.16.1.1:1025
```

③查看 nat 调试信息。

```
R1#deb ip nat
IP NAT debugging is on
R1#
NAT: s=172.16.1.1, d=100.100.100.100 - >192.168.1.1 [5]
NAT*: s=192.168.1.1 - >100.100.100.100, d=172.16.1.1 [86]
//其余的省略
```

2. 动态 PAT 的配置步骤

①定义内网接口和外网接口。

②定义访问控制列表(允许进行转换的内部局部地址范围)。

③定义转换的外网地址池(ISP 提供的全局地址池)。

④建立映射关系:

```
Router(config)#ip nat inside source list 列表号 pool 地址池名 overload
```

或

```
Router(config)#ip nat inside source list 列表号 interface 接口名 overload
```

第一条命令是用地址池进行复用,第二条命令是利用单个接口进行复用。命令中的关键字"overload"表明了这是 PAT。

以图 11-1 为例,内网四台计算机用 PAT 的地址转换形式访问外网,转换外网的地址池 IP 为 100. 100. 100. 99 ～ 100. 100. 100. 100，具体配置为：

```
R1 (config)#interface g0/1
R1 (config - if)#ip nat inside
R1 (config - if)#exit
R1 (config)#interface g0/0
R1 (config - if)#ip nat outside
R1 (config - if)#exit
R1 (config)#access - list 1 permit 192. 168. 1. 0   0. 0. 0. 255
R1 (config)#ip nat pool zwei 100. 100. 100. 99   100. 100. 100. 100 netmask 255. 255. 255. 0
R1 (config)#ip nat inside source list 1 pool zwei overload
```

验证配置：
①查看 nat 调试信息。

```
R1#debug ip nat
IP NAT debugging is on
R1#
NAT: s =192. 168. 1. 3 - >100. 100. 100. 99, d =100. 100. 100. 101 [3]
NAT* : s =100. 100. 100. 101, d =100. 100. 100. 99 - >192. 168. 1. 3 [65]
NAT: s =192. 168. 1. 4 - >100. 100. 100. 99, d =100. 100. 100. 101 [2]
NAT* : s =100. 100. 100. 101, d =100. 100. 100. 99 - >192. 168. 1. 4 [66]
NAT: s =192. 168. 1. 2 - >100. 100. 100. 99, d =100. 100. 100. 101 [1]
NAT* : s =100. 100. 100. 101, d =100. 100. 100. 99 - >192. 168. 1. 2 [67]
NAT: s =192. 168. 1. 1 - >100. 100. 100. 99, d =100. 100. 100. 101 [1]
NAT* : s =100. 100. 100. 101, d =100. 100. 100. 99 - >192. 168. 1. 1 [71]
//中间省略了一些调试信息
```

在 NAT 调试信息中可以看到 4 个内网 IP 都转换成了一个公网 IP（100. 100. 100. 99），这是因为 PAT 从地址池中的第一个公网地址开始复用，每个地址的极限复用连接为 4000，当达到极限连接后则会复用下一个地址。

②查看 NAT 转换关系。

```
R1#show ip nat translations
Pro  Inside global       Inside local     Outside local       Outside global
Icmp 100. 100. 100. 99:1024  192. 168. 1. 3:1  100. 100. 100. 101:1  100. 100. 100. 101:1024
icmp 100. 100. 100. 99:1025  192. 168. 1. 4:2  100. 100. 100. 101:2  100. 100. 100. 101:1025
icmp 100. 100. 100. 99:1026  192. 168. 1. 2:1  100. 100. 100. 101:1  100. 100. 100. 101:1026
icmp 100. 100. 100. 99:10    192. 168. 1. 1:10 100. 100. 100. 101:10 100. 100. 100. 101:10
```

11. 3. 4   NAT 实现 TCP 负载均衡

在静态 PAT 中，当发布到外网的服务器访问流量过大时，可用多台主机进行 TCP 业务的均衡负载。这时，可以考虑用 NAT 来实现 TCP 流量的负载均衡。NAT 创建了一台虚拟主机提供 TCP 服务，该虚拟主机对应内部多台实际主机，然后对目标地址进行轮询置换，达到负载分流的目的。

NAT 实现 TCP 负载均衡的配置步骤：

①配置内网接口和外网接口。

②配置访问控制列表，允许一个虚拟的内部全局地址访问。这个虚拟的内部全局地址可以是任何地址，只要外部网络有达到此 IP 地址的路由。

③建立一个包含内部负载分担服务器地址的地址池。命令如下：

```
    Router(config)#ip nat pool 地址池名 内网起始地址 内网结束地址 netmask 子网掩
码 type rotary
```

"type rotary"是执行一种循环旋转式分发。

④建立映射关系，将目标地址轮流转换为地址池中的地址。命令如下：

```
Router(config)#ip nat inside destination list 列表号 pool 地址池名
```

命令中的 destination 指对符合访问控制列表的目标地址进行转换。

以图 11－1 为例，将外网访问 100.100.100.100 的 TCP 流量轮流分担到 Server 0 到 Server 2 的三台计算机上。具体配置如下：

```
R1 (config)#inter g0/1
R1 (config - if)#ip nat inside
R1 (config)#inte g0/0
R1 (config - if)#ip nat outside
R1 (config - if)#exit
R1 (config)#access - list 1 permit host 100.100.100.100
R1 (config)#access - list 2 permit 192.168.1.0 0.0.0.255
R1 (config)#ip nat inside source list 2 interface g0/0 overload
//此命令为内网到外网的 NAPT
R1 (config)#ip nat pool zwei 192.168.1.1 192.168.1.3 netmask 255.255.255.0
type rotary
R1 (config)#ip nat inside destination list 1 pool zwei
//此命令为外网到内网服务器的负载均衡转换
```

配置之后的验证如图 11－8 和图 11－9 所示。在图 11－8 中，从 R2 的命令行界面可以看出，R2 Telnet R1 的外网地址登录到的服务器是 Server 0；从 R1 命令行界面的 NAT 调试信息可以看到，R1 把到 IP 地址为 100.100.100.100 的连接转换到了 IP 地址为 192.168.1.1 的服务器上去了。在图 11－9 中，从 R2 的命令行界面可以看出，R2 第二次 Telnet R1 的外网地址登录到的服务器是 Server 1；从 R1 命令行界面的 NAT 调试信息可以看到，R1 把到 IP 地址为 100.100.100.100 的连接转换到了 IP 地址为 192.168.1.2 的服务器上去了。

图 11 – 8　第一次连接时登录设备和地址转换调试截图

图 11 – 9　第二次连接时登录设备和地址转换调试截图

11.4　项目实施：NAPT 的应用

1. 发包方项目要求

该项目中，向 ISP 申请到了 202.99.99.8/29 的公网 IP 地址段，外网接口所连接的网关 IP 为 202.99.99.14。局域网内部设有 Web 服务器(172.16.3.1)、邮件服务器(172.16.3.2)、域名服务器(172.16.3.3)，要求这些服务器在外网均能被访问。局域网内有 2000～3000 个需要上外网的终端，需满足这些终端均能上外网。

2. 接包方对项目分析

公网 IP 地址段为 202.99.99.8/29，则子网掩码为 255.255.255.248，广播地址为

202. 99. 99. 15，可用 IP 地址范围为 202. 99. 99. 9 ~ 202. 99. 99. 13。我们将外网接口的 IP 地址分配为 202. 99. 99. 13/29，将外网出口的网关 IP 分配为 202. 99. 99. 14/29。为了测试方便，在"Internet"云上增加一个回环接口，IP 为 202. 99. 100. 100/24。

局域网内部需要向外提供服务的服务器分配的 IP 地址段为 172. 16. 3. 0/24 网段，在此项目中我们通过静态地址转换的方式使服务器能向外网提供服务，设定的静态转换地址对应表如表 11 - 2 所示。

表 11 - 2   静态转换地址对应表

服务器名	内部地址	外部地址
Web 服务器	172. 16. 3. 1	202. 99. 99. 9
邮件服务器	172. 16. 3. 2	202. 99. 99. 10
域名服务器	172. 16. 3. 3	202. 99. 99. 11

另外，在上一章配置访问控制列表时，规则设置为"工作日的上午工作时间不能访问外网"，且把基于时间的 ACL 放在网络出口 R1 的两个内网接口上，因此服务器区的服务器在工作日的工作时间内也是不能被外网访问的，故在本项目配置实施时应修改上一章的时间 ACL 增加允许服务器区在工作时间上外网的规则。

3. 项目配置实施

(1)修改上一章基于时间的 ACL 规则。上一章中配置的时间访问控制列表在工作日的 9 点到 11 点拒绝了所有网段访问外网，且将该访问控制列表应用在 R1 的两个内网接口上。但服务器区的服务器需要访问外网，所以应修改上一章的时间访问控制列表增加允许服务器访问外网的规则。

```
R1(config)#time - range deny - weekday - morning
R1(config - time - range)#periodic weekdays 9:00 to 11:30
R1(config - time - range)#exit
R1(config)#ip access - list extended deny - weekdays
R1(config - ext - nacl)#permit ip permit ip host 172.16.3.1 any    //增加的规则
R1(config - ext - nacl)#permit ip permit ip host 172.16.3.2 any    //增加的规则
R1(config - ext - nacl)#permit ip permit ip host 172.16.3.3 any    //增加的规则
R1(config - ext - nacl)#deny ip any any time - range deny - weekday - morning
R1(config - ext - nacl)#permit ip any any
R1(config - ext - nacl)#exit
R1(config)#inter range e0/0 - 1
R1(config - if - range)#ip access - group deny - weekdays in
```

(2)设定内网接口和外网接口。

```
R1(config)#inter e0/0
R1(config - if)#ip nat inside
R1(config)#inter e0/1
R1(config - if)#ip nat inside
R1(config)#inter e0/2
R1(config - if)#ip nat outside
```

（3）配置静态转换。

```
R1(config)#ip nat inside source static 172.16.3.1 202.99.99.9
R1(config)#ip nat inside source static 172.16.3.2 202.99.99.10
R1(config)#ip nat inside source static 172.16.3.3 202.99.99.11
```

（4）配置 NAPT。

①配置访问控制列表。内网的所有机器划分的 IP 地址段为 172.16.X.Y，在配置 NAPT 时，只需对 172.16.X.Y 网段的机器进行网络地址转换即拒绝 192.168.1.0 网段，访问列表规则为：

```
R1(config)# ip access - list extended permitnat
R1(config - ext - nacl)#deny ip 192.168.1.0 0.0.0.255 any
R1(config - ext - nacl)#permit ip any any
```

②配置地址池：

```
R1(config)#ip nat pool zweinat 202.99.99.12   202.99.99.13 netmask 255.255.255.248
```

③配置 NAPT：

```
R1(config)#ip nat inside source list permitnat pool zweinat overload
```

（5）测试。在测试之前在服务器区连接三台路由器，修改后的拓扑图如图 11 - 10 所示。将三台路由器模拟成 PC 机，以 Server 1 为例具体配置命令为：

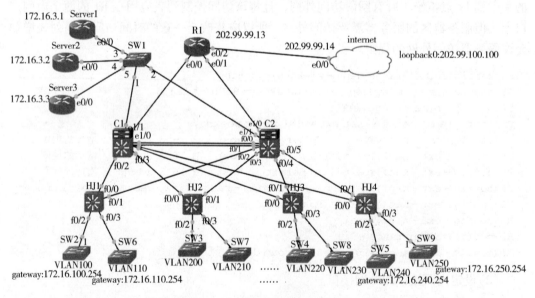

图 11 - 10 NAT 配置项目拓扑

```
server 1(config)#no ip routing
server 1(config)#ip default - gateway 172.16.3.252
//注意在本章中此处的网关也可以配置为 C2 连接 SW1 的接口 IP 172.16.3.253
```

```
//服务器区的 server 可以通过核心交换机 C1 或 C2 到达网络的其他部分
server 1(config)#interface e0/0
server 1(config-if)#ip add 172.16.3.1  255.255.255.0
server 1(config-if)#no shut
```

① Server 1 ping 202.99.100.100，并查看 R1 中的 NAT 调试信息，结果如图 11-11 所示，从图中可以看出网络是连通的，且内网 IP 172.16.3.1 被转换成外网 IP 202.99.99.9。

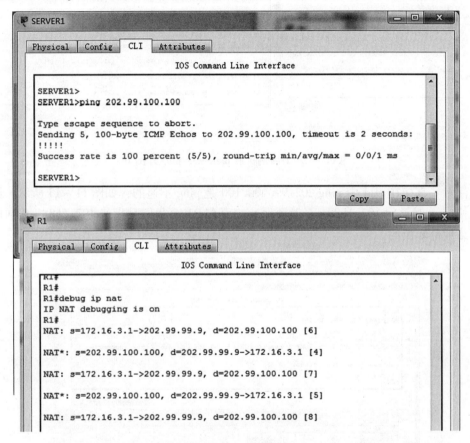

图 11-11　Server 1 ping 外网 IP

②HJ4 用扩展 ping 命令 ping 202.99.100.100，并查看 R1 中的 NAT 调试信息，结果如图 11-12 所示。从图中可以看出网络是连通的，且内网 IP 172.16.250.254 转换成了外网 IP 202.99.99.12。

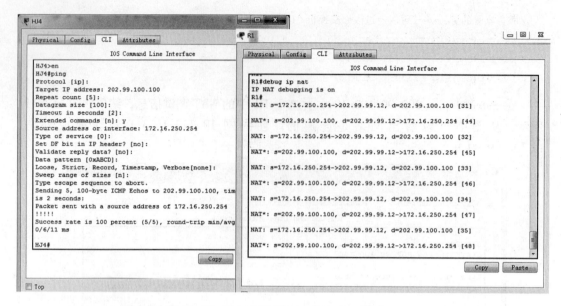

图 11 – 12　HJ4 用扩展 ping 命令 ping 外网 IP

注意：直接在 HJ4 中 ping 202.99.100.100 是 ping 不通的，如图 11 – 13 所示，原因为直接 ping 时是用 192.168.1.6 做源地址，而在 R1 上我们是拒绝 192.168.1.0 网段进行网络地址转换的。

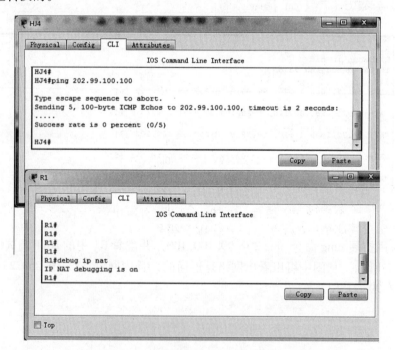

图 11 – 13　HJ4 直接用 ping 命令 ping 外网 IP

4. 排错时的注意事项

网络地址转换的标准文档可以查看 RFC 1632。在网络地址转换排错时要善于利用以下命令：

（1）show ip nat translations

此命令可以用于显示当前存在的转换，查看 NAT 的统计信息。默认情况下，动态地址转换条目如果在一定时间后没有被使用，就会因为超时而被取消。在没有配置地址复用的情况下，超时时间为 24 小时。下面的代码输出了静态地址转换和地址复用的转换信息。

```
R1#show ip nat translations
Pro    Inside global      Inside local      Outside local      Outside global
- - -  202.99.99.9        172.16.3.1        - - -              - - -
- - -  202.99.99.10       172.16.3.2        - - -              - - -
- - -  202.99.99.11       172.16.3.3        - - -              - - -
icmp   202.99.99.12:3     172.16.100.254:3  202.99.100.100:3   202.99.100.100:3
```

（2）debug ip nat

Debug ip nat 命令用来跟踪 NAT 的操作，显示出每个被转换的数据包。下面的输出是静态转换和地址复用时部分数据包的转换信息。

```
R1#debug ip nat
IP NAT debugging is on
* Mar  1 00:05:36.515: NAT: s =172.16.3.3 - >202.99.99.11, d =202.99.100.100 [0]
* Mar  1 00:05:37.567: NAT* : s =172.16.3.3 - >202.99.99.11, d =202.99.100.100 [1]
* Mar  1 00:05:39.731: NAT* : s =172.16.3.3 - >202.99.99.11, d =202.99.100.100 [2]
* Mar  1 00:05:39.779: NAT* : s =202.99.100.100, d =202.99.99.11 - >172.16.3.3 [2]

R1#
* Mar  1 00:07:33.063: NAT* : s =172.16.100.254 - >202.99.99.12, d =202.99.100.100 [6]
* Mar  1 00:07:33.103: NAT* : s =202.99.100.100, d =202.99.99.12 - >172.16.100.254 [6]
```

在上面的代码中，紧靠 NAT 的"＊"号表示该转换是发生在高速通道（缓存）中的。每个会话的第一个数据包先经处理器交换方式，同时放入缓存中，后续数据包将由高速通道转换。每行代码最后的括号中的值是 IP 标识号，同一个会话的数据包标识号相同。

12 网关冗余备份

一般情况下，某网段内的主机都以该网段某个边界路由器的 IP 地址作为默认网关。这就存在一个单点故障问题，那就是当该路由器不可用时，则该网段就不能与外网通信。为了解决这个问题，就推出了热备份路由器协议（HSRP，Hot Standby Router Protocol）和虚拟路由冗余协议（VRRP，Virtual Router Redundancy Protocol）。这两个协议都是通过路由器或具有路由功能的三层交换机冗余方案来解决第一跳单点故障问题，以提高网络的可用性。它们的功能是一样的，在 Cisco 设备中的配置方法也类似。但 HSRP 是 Cisco 专用协议，而 VRRP 是通用协议。

HSRP 和 VRRP 都可以把多个路由器组成一组，形成一台虚拟路由器，并可为这个虚拟路由器配置虚拟 IP 地址和虚拟 MAC 地址。而且组中的每台物理路由器都要配置这个相同的虚拟 IP 地址，网络中的 PC 用户的默认网关也指向这个虚拟路由器的虚拟 IP 地址。这样一来，当虚拟路由器中的当前活动路由器失效时，组中的备份路由器可以接替活动路由器工作，继续为网络用户提供数据包路由、转发功能，从而实现路由器的冗余。当然，除了路由器冗余这个功能外，还可以实现组中各路由器之间的负载共享，甚至负载分担。

12.1 HSRP

HSRP 是 Cisco 开发的冗余路由协议，是 Cisco 的私有协议。它与通用的 VRRP 功能一样，都是设计用来允许第一跳路由器的传输切换（也就是有自动用其他路由设备接替第一跳网关路由器的功能），以实现网络高可用性。HSRP 路由 IP 通信不依靠任何单一路由器的可用性，HSRP 通过把多个路由器接口组合在一起，对外以单一虚拟路由器或者默认网关呈现。HSRP 用于在一组路由器中选举一个活动路由器和一个或多个备份路由器。在这个路由器组中，活动路由器用来转发路由包，备份路由器用来在活动路由器失效时接管活动路由器的工作，成为新的活动路由器。

实现 HSRP 的条件是系统中有多台路由器，它们组成一个"热备份组"，这个组形成一台虚拟路由器。在任一时刻，组内只有一台路由器是活动的，并由它来转发数据包。如果活动路由器发生了故障，将选择一个备份路由器来替代活动路由器，但是在本网络内的主机看来，虚拟路由器没有改变，所以主机仍然保持连接，没有受到故障的影响，这样就较好地解决了传统模式下因路由器切换而带来的数据丢失问题。

12.1.1　HSRP 工作原理

HSRP 协议提供了一种决定使用活动路由器还是备份路由器的机制，并指定一个虚拟的 IP 地址作为网络系统默认的网关地址。如果活动路由器出现故障，备份路由器就会自动接管活动路由器的所有工作，并且不会导致主机连接中断。当在网络或者网段中配置 HSRP 时，会提供一个由 HSRP 路由器组中各路由器共享的虚拟 MAC 地址和虚拟 IP 地址。但是 HSRP 路由器组中的各路由器转发协议数据包的源地址使用的仍是物理路由器接口上的实际 IP 地址，而并非虚拟 IP 地址，故 HSRP 组中的路由器间能相互识别。

HSRP 组中各路由器的识别是通过 HSRP Hello 广播包来维系的。HSRP 运行在 UDP 上，发送 HSRP 通告包时采用的端口号为 UDP 1985。为了减少网络的数据流量，在设置完活动路由器和备份路由器之后，只有活动路由器向备份路由器定时发送 HSRP 报文，而备份路由器不会向活动路由器发送 HSRP 报文。如果当前活动路由器失效，备份路由器将接管活动路由器的工作成为新的活动路由器。如果备份路由器失效或者变成了活动路由器，将有另外的路由器被选为备份路由器。

1. HSRP 组中路由器的两种角色

在 HSRP 路由器组中的路由器分成两种角色：活动路由器和备份路由器，它们共同构成一台虚拟路由器。活动路由器承担路由包转发工作，而备份路由器只是在当前活动路由器出现故障或者满足某种条件时才接管活动路由器的工作。HSRP 对于那些不支持路由发现协议（如 ICMP 路由发现协议，IRDP），不能在它们所选择的路由器重载，或者关闭时切换到新的路由器的主机网络中非常有用，因为在启用 HSRP 后，现存的 TCP 会话可以继续，避免中断，主机动态选择下一跳恢复 IP 路由通信。

运行 HSRP 的路由器发送和接收基于 UDP 的组播 Hello 广播包来检测路由器是否失效，指定活动路由器和备份路由器。当活动路由器在所配置的期间内没有发送一个 Hello 广播包，具有最高优先级的备份路由器将成为新的活动路由器，网络中所有主机的数据通信将同时切换到新的活动路由器上。

2. HSRP 组虚拟 MAC 地址和虚拟 IP 地址

在一个网段配置了 HSRP 后，它将提供一个供运行 HSRP 的路由器组各成员路由器共享的虚拟 MAC 地址（Virtual MAC Address）和虚拟 IP 地址（Virtual IP Address）。各路由器的 HSRP 备份组 IP 地址必须都设置成这个虚拟 IP 地址。在这些路由器中将选择一台路由器作为活动路由器，活动路由器接收和路由数据包到路由器组的虚拟 MAC 地址。当活动路由器失效时，HSRP 会检测到，同时会选举一个备份路由器来控制路由器组的虚拟 MAC 地址和虚拟 IP 地址。

通过共享一个虚拟 MAC 地址和虚拟 IP 地址，两台或者多台路由器可以作为一台虚拟路由器。虚拟路由器并不是实际存在的，它是作为 HSRP 组中相互备份的路由器的公共默认网关。不要在网络中用活动路由器的物理接口 IP 地址为主机配置默认网关，而要用虚拟路由器的虚拟 IP 地址作为主机的默认网关。如果活动路由器在所配置的延时时间内没有发送 Hello 广播包，则备份路由器会认为活动路由器已失效，备份路由器之间会选举一台新的活动路由器，控制虚拟 IP 地址的使用。

3. HSRP 优先级

HSRP 还使用优先级机制来决定哪台 HSRP 路由器成为默认的活动路由器。要配置一台路由器作为活动路由器，需要分配一个比组中其他路由器更高的优先级。默认的优先级是 100，所以如果仅配置一台路由器的优先级大于 100（值越大，优先级越高），则这台路由器就会成为默认路由器。

4. HSRP 示例

图 12-1 显示了一个网段的 HSRP 拓扑。其中的路由器组中有两台路由器，RouterB 是活动路由器，RouterA 是备份路由器。它们两个一起形成一个虚拟路由器。每台路由器都用虚拟路由器的 MAC 地址和 IP 地址进行配置。

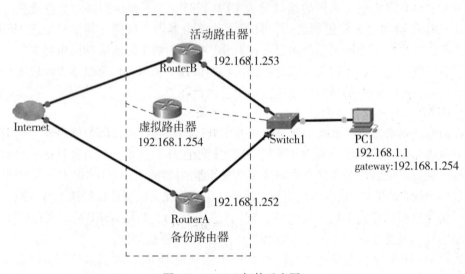

图 12-1 HSRP 拓扑示意图

在这样一个示例中，网络中的主机默认网关配置是指向这个虚拟路由器 IP 地址，而不是指向 RouterA 或者 RouterB 的真实 IP 地址。当 PC1 发送一个数据包到 Internet 时，它会先以虚拟路由器的 MAC 地址作为目的 MAC 地址把数据包发送到虚拟路由器。正常情况下，肯定是通过 RouterB 来对 PC1 的请示进行响应，因为它是备份组的活动路由器。如因某种原因，活动路由器 RouterB 停止了工作，则 RouterA 会以虚拟路由器的 MAC 地址和 IP 地址的 ARP 映射表项进行响应，同时成为活动路由器。然后，PC1 使用 RouterA 的 ARP 响应包中的虚拟路由器 IP 地址发送数据包给 Internet。当 RouterA 接收到数据包后，再转发给 Internet。在 RouterB 恢复正常工作之前，HSRP 一直允许 RouterA 为 PC1 网段到达 Internet 的用户提供不间断的服务。

12. 1. 2　MHSRP

支持 HSRP 的 Cisco IOS 路由器一般还支持 MHSRP（Multiple HSRP，多 HSRP）。MHSRP 是 HSRP 的扩展，允许在两个或者多个 HSRP 备份组中实现负载分担。可以配置 MHSRP 实现负载共享分担（但不能自动实现负载均衡），从一个主机网络到一个服务器网络中使用两个或多个备份组。MHSRP 可以在多台路由器间配置多个路由器备份组，并为每个备份组指定一个组号。例如，可以在 RouterA 上配置一个接口作为活动路由器，在 RouterB 上配置一个接口作为备份路由器，同时还可以在 RouterB 上配置一个接口作为活动路由器，而在 RouterA 上配置另一个接口作为备份路由器。

在图 12-2 中，有一半用户配置使用 RouterA 作为默认网关，另一半用户配置使用 RouterB 作为默认网关。它们组合在一起建立两个 HSRP 备份组。在组 1 中，RouterA 是默认的活动路由器，因为它在组 1 中已被分配了最高的优先级，RouterB 则是备份路由器；在组 2 中，RouterB 是默认的活动路由器，因为在组 2 中它已被分配了最高的优先级，而 RouterA 则是备份路由器。在正常工作情况下，这两台路由器共享 IP 通信负载。当其中有一台路由器失效时，另一台路由器即成为活动路由器。在 MHSRP 中，必须在 HSRP 接口上配置 standby preempt 命令，以便在一个活动路由器失效或者恢复时，其他备份路由器可以抢占活动路由器角色或者恢复备份路由器角色，继续实现负载分担。

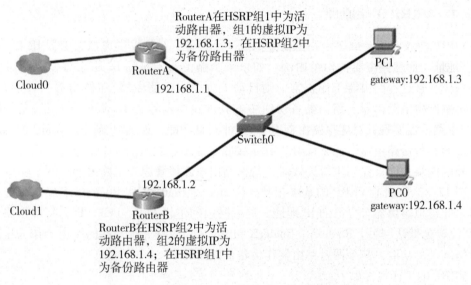

图 12-2 MHSRP 拓扑示意图

12.1.3 HSRP 认证

HSRP 认证可以阻止错误的 HSRP Hello 包引起的拒绝服务攻击。例如 RouterA 的优先级为 120，并且为当前的活动路由器。如果一个主机非法发送一个带有优先级为 130（比当前活动路由器的优先级还高）的 HSRP Hello 欺骗包，则正常情况下 RouterA 停止成为活动路由器。如果 RouterA 配置了认证，则以上的 HSRP Hello 欺骗包会被忽略，RouterA 继续做活动路由器应做的工作。

HSRP 支持两种认证方式：文本认证和 MD5 认证，默认为文本认证，HSRP 忽略非认证的 HSRP 消息。

12.2　VRRP

虚拟路由器冗余协议（VRRP，Virtual Router Redundancy Protocol）与 HSRP 的功能非常类似，但前者是通用标准，所以各个厂商都可以用。VRRP 也可以实现动态选择局域网中由多个路由器组成的 VRRP 组中的一个或多个路由器担当虚拟路由器角色，允许多个路由器使用相同的虚拟 IP 地址。在 VRRP 路由器组中必须指定一台路由器作为主路由器，其他路由器作为备份路由器，用于在当前主路由器失效时接替主路由器的工作。VRRP 与 HSRP 最大的不同是，VRRP 组中的虚拟 IP 地址可以是组中某物理路由器接口的 IP 地址（在 HSRP 组中不允许这样），而且它们发布通告消息的组播 IP 地址和路由器组的虚拟 MAC 地址都不一样。

12.2.1　VRRP 工作原理

VRRP 协议将两台或多台路由器虚拟成一个设备，对外提供虚拟路由器 IP（一个或多个）地址。而在路由器备份组内部，如果某个路由器的实际 IP 地址与虚拟路由器 IP 地址一样，且这台路由器工作正常，则自动成为 Master 路由器（主路由器），或者通过算法选举产生主路由器。路由器备份组中的其他路由器称为 Backup 路由器（备份路由器）。主路由器实现针对虚拟路由器 IP 的各种网络功能，如 ARP 请求、ICMP 消息和数据转发等；备份路由器不拥有该 IP，除了接收主路由器发送的 VRRP 通告信息外，不执行对外的网络功能，仅当主机失效时，备份路由器才接管原先主路由器的网络功能。

图 12 - 3 示意了 VRRP 的基本拓扑，RouterA、RouterB 和 RouterC 组成一个虚拟路由器。此虚拟路由器有自己的 IP 地址。局域网内的主机 PC0、PC1、PC2 将虚拟路由器的 IP 设置为默认网关。RouterA、RouterB 和 RouterC 中优先级最高的路由器作为主路由器承担网关的功能，其余两台路由器作为备份路由器。

VRRP 的工作过程如下：

①路由器启用 VRRP 功能后，会根据优先级确定自己在备份组中的角色，优先级最高的路由器成为主路由器，优先级低的成为备份路由器。在路由器选举时需要注意的是：若 VRRP 路由器的 IP 地址和虚拟路由器的 IP 地址相同，则该路由器称为 VRRP 组中的 IP 地址所有者，具有最高优先级（255），自动成为主路由器，无须进行选举。主路由器定期发送 VRRP 通知报文，通知备份组内的其他路由器自己工作正常；备份路由器则启动定时器等待通告报文的到来。

②在抢占方式下，当备份路由器收到主路由器发送的 VRRP 通告报文后，会将自己的优先级与通告报文中的优先级进行比较，如果大于通告报文中的优先级，则成为主路由器，否则将保持备份状态。

③在非抢占方式下，只要主路由器没有出现故障，备份组中的路由器始终保持备份状态，备份路由器即使随后被配置了更高的优先级也不会成为主路由器。

④如果备份路由器的定时器超时后仍未收到主路由器发送来的 VRRP 通告报文，则

认为主路由器已经无法正常工作，此时备份路由器会认为自己是主路由器，并对外发送 VRRP 通告报文。

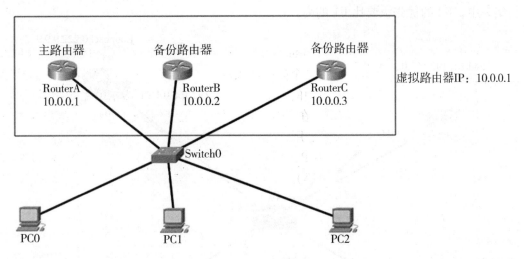

图 12 – 3　基本的 VRRP 拓扑图

12.2.2　VRRP 的主备备份方式和负载分担方式

1. 主备备份方式

VRRP 的主备备份方式表示路由转发任务仅由主路由器承担，仅当主路由器出现故障时，才会从其他备份路由器选举出一个新的主路由器接替工作。主备备份方式仅需要一个备份组，不同路由器在该备份组中拥有不同的优先级。优先级最高的路由器将成为主路由器。

2. 负载分担方式

在主备备份方式中，同一时间实际上使用的只有一台路由器，另外一台路由器处于闲置状态，设备利用率不高。为了克服这一缺点，可以通过创建多个备份组实现多个路由器的负载分担，同时又可以实现主备备份。

负载分担方式是指多台路由器同时承担业务。因此负载分担方式需要两个或者两个以上的备份组，每个备份组都包括 1 个主路由器和若干个备份路由器，各备份组的主路由器各不相同。VRRP 的负载分担方式是在路由器的一个接口上创建多个备份组，并使该路由器在一个备份组中作为主路由器，在其他的备份组中作为备份路由器。同一台路由器可同时加入多个 VRRP 备份组，在不同备份组中有不同的优先级。

如图 12 – 4 所示的 VRRP 负载分担方式中，有两个备份组存在：

备份组 1：网关对应虚拟路由器 1，IP 地址为 192.168.0.100，R1 作为主路由器，R2 作为备份路由器，R3 发送的数据经由 R1 转发。

备份组 2：网关对应虚拟路由器 2，IP 地址为 192.168.0.200，R2 作为主路由器，R1 作为备份路由器，R4 发送的数据经由 R2 转发。

为了实现业务流量在 R1、R2 之间的负载分担，需要将局域网内主机的默认网关分别设置为虚拟路由器 1 和虚拟路由器 2。在配置优先级时，需要确保两个备份组中各路由器的 VRRP 优先级形成一一对应，即在备份组 1 中，R1 的优先级要比 R2 的高；在备份组 2 中，R2 的优先级要比 R1 的高。

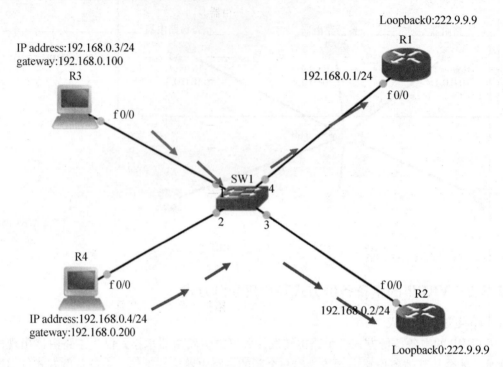

图 12 - 4　VRRP 负载分担示意图

12.2.3　VRRP 与 HSRP 比较

在功能上，VRRP 和 HSRP 非常相似，具体的比较如表 12 - 1 所示。

表 12 - 1　VRRP 与 HSRP 的比较

比较项目	VRRP	HSRP
通用性	通用	Cisco 专用
状态类型	初始状态、主状态、备份状态	初始状态、学习状态、监听状态、对话状态、备份状态、活动状态
通信协议	IP（协议号为 112）	UDP（端口号为 1985）
组播地址	224.0.0.18	HSRPv1：224.0.0.2 HSRPv2：224.0.0.102
Hello 包间隔	1s	3s

比较项目	VRRP	HSRP
虚拟路由器的 MAC 地址	00 - 00 - 5e - 00 - 01 - 虚拟路由器 ID	00 - 00 - 0c - 07 - ac - 备份组 ID
消息类型	一种通告消息	呼叫、告辞、突变
抢占时间	3s	10s
发送 Hello 消息的角色	Master	Active/Standby
抢占默认状态	开启	不开启
虚拟路由器 IP 地址	可以使用接口真实 IP 地址	不可以使用接口真实 IP 地址

12.3 HSRP 的配置

HSRP 配置的拓扑图如图 12 - 5 所示。以此拓扑图为例介绍 HSRP 的配置、认证配置、MHSRP 配置。

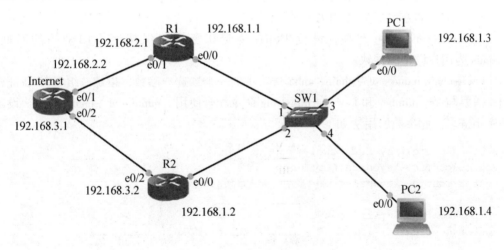

图 12 - 5　HSRP 配置拓扑图

12.3.1 HSRP 的配置和认证的配置

HSRP 在接口模式下的配置，主要命令为：

```
Router(config - if)#standby [group - number] ip [ip - address [secondary]]
```

该命令的主要作用是创建或启用 HSRP 备份组，并为它指定组号和虚拟路由器的虚拟 IP 地址。至少要在 HSRP 组中的一台路由器上配置此虚拟 IP 地址，组中的其他路由器可以从这台路由器学习到。命令中的参数和选项说明如下：

group – number：可选参数，指定接口上创建的 HSRP 备份组的组号。v1 版本的 HSRP 备份组号取值范围为 0～255，v2 版本的 HSRP 备份组号取值范围为 0～4095，默认为 0。如果接口上仅一个 HSRP 备份组，则可以不键入具体的组号。

ip – address：可选参数，指定 HSRP 虚拟路由器的虚拟 IP 地址。如果没有指定 IP 地址，则该接口可以从其他配置了虚拟 IP 地址的三层接口上学习到，只要该接口启用了 HSRP。

Secondary：可选项，指定为接口的从虚拟 IP 地址。

HSRP 认证在接口模式下配置，主要命令为：

```
Router(config - if)#standby [group - number] authentication {text string
| md5 {key - string [0 | 7] key [timeout seconds] | key - chain name - of - chain}}
```

text string：表示采用字符串认证，string 为用户设定的认证字符串。此认证字符串最长为 80 个字符，且第一个字符不能为数字。

md5：多选中的一个选项，表示采用 MD5 认证。

key – string key：md5 选项中的一个二选一参数，指定 md5 认证的密钥。key 为用户设定的密钥，最多 64 字符。

0：二选一选项，指定密钥为非加密的，为默认选项。

7：二选一选项，指定密钥为加密的。

timeout seconds：可选项，设置 HSRP 接受新密钥前保持使用旧密钥的时间，seconds 为用户设定的秒数。

key – chain name – of – chain：md5 选项中的一个二选一参数，指定一组 MD5 认证密钥，需要与 key number 和 key - string string 命令配合使用。name - of - chain 为用户设定的密钥链名。此参数的用法如下：

```
Router(config)#key chain zwei
Router(config - keychain)#key 1
Router(config - keychain - key)#key - string sise
......
Router(config)#interface e0/1
Router(config - if)#standby 1 authentication md5 key - chain zwei
```

1. 具体配置命令

图 12 – 5 中 HSRP 的配置和认证的配置如下：

（1）R1 的配置如下：

```
R1(config)#inte e0/0
R1(config - if)#standby 1 ip 192.168.1.254
//创建并启用编号为 1 的备份组,并为虚拟路由器指定虚拟 IP 地址 192.168.1.254
R1(config - if)#standby 1 priority 120
```

//设定 R1 路由器在编号为 1 的备份组中的优先级为 120,默认优先级为 100.若备份组中没有路
//由器的优先级比 120 高,则 R1 成为主网关

R1(config - if)#standby 1 preempt

//当主路由器(此例中为 R1)出现故障时,备份路由器将自动成为主路由器,接管主路由器的工作.
//若设置了 preempt,前主路由器故障恢复后,将抢占为主路由器;若没有设置 preempt,即使前
//主路由器故障恢复,也不会成为主路由器

R1(config - if)#standby 1 authentication md5 key - string zweizwei

//编号为 1 的备份组启用 MD5 认证,认证密钥为"zweizwei"

(2)R2 的配置如下:

R2(config)#inte e0/0

R2(config - if)#standby 1 ip 192.168.1.254

//创建并启用编号为 1 的备份组,并为虚拟路由器指定虚拟 IP 地址 192.168.1.254

//注意:同一组号的虚拟路由器 IP 地址应一致

R2(config - if)#standby 1 priority 100

//设定 R2 路由器在编号为 1 的备份组中的优先级为 100.也可不配置,因为默认优先级为 100

R1(config - if)#standby 1 authentication md5 key - string zweizwei

//编号为 1 的备份组启用 MD5 认证,认证密钥为"zweizwei".注意:同一备份组的认证方式和

//认证密钥要一致

2. 验证

(1)查看备份组信息。R1 路由器上查看的备份组信息如图 12 - 6 所示。

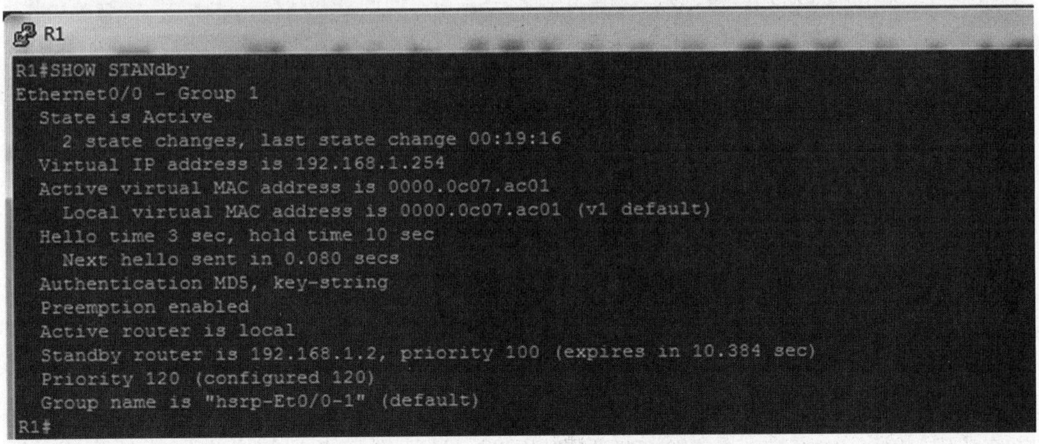

```
R1
R1#SHOW STANdby
Ethernet0/0 - Group 1
  State is Active
    2 state changes, last state change 00:19:16
  Virtual IP address is 192.168.1.254
  Active virtual MAC address is 0000.0c07.ac01
    Local virtual MAC address is 0000.0c07.ac01 (v1 default)
  Hello time 3 sec, hold time 10 sec
    Next hello sent in 0.080 secs
  Authentication MD5, key-string
  Preemption enabled
  Active router is local
  Standby router is 192.168.1.2, priority 100 (expires in 10.384 sec)
  Priority 120 (configured 120)
  Group name is "hsrp-Et0/0-1" (default)
R1#
```

图 12 - 6　在 R1 上查看到的备份组信息

从图 12 - 6 可以看出 E0/0 接口上有备份组 1,当前状态为活动路由器,虚拟 IP 地
址为 192.168.1.254,活动路由器的虚拟 MAC 地址为 0000.0c07.ac01,Hello 时间为 3s,
认证为 MD5 认证,抢占模式开启,备份路由器为 192.168.1.2,备份路由器的优先级
为 100。

从 R2 路由器上查看到的备份组信息如图 12 – 7 所示。

```
R2
R2#show standby
Ethernet0/0 - Group 1
  State is Standby
    1 state change, last state change 00:25:07
  Virtual IP address is 192.168.1.254
  Active virtual MAC address is 0000.0c07.ac01
    Local virtual MAC address is 0000.0c07.ac01 (v1 default)
  Hello time 3 sec, hold time 10 sec
    Next hello sent in 1.104 secs
  Authentication MD5, key-string
  Preemption enabled
  Active router is 192.168.1.1, priority 120 (expires in 8.944 sec)
  Standby router is local
  Priority 100 (default 100)
  Group name is "hsrp-Et0/0-1" (default)
R2#
```

图 12 – 7   从 R2 上查看到的备份组信息

从图 12 – 7 中可以看出 R2 的状态为备份状态。

（2）正常时验证。持续 ping Internet 路由器的回环接口（IP 为 1. 1. 1. 1）能 ping 通，路由跟踪路径走 R1 路由器，如图 12 – 8 所示（此拓扑中 PC 机均由路由器模拟）。

```
PC1
PC1#ping 1.1.1.1
Type escape sequence to abort.
Sending 5, 100-byte ICMP Echos to 1.1.1.1, timeout is 2 seconds:
!!!!!
Success rate is 100 percent (5/5), round-trip min/avg/max = 2/2/3 ms
PC1#traceroute 1.1.1.1
Type escape sequence to abort.
Tracing the route to 1.1.1.1
VRF info: (vrf in name/id, vrf out name/id)
  1 192.168.1.1 2 msec 2 msec 2 msec
  2 192.168.2.2 2 msec 2 msec *
PC1#
```

图 12 – 8   正常时 ping 和路由跟踪

（3）异常时验证。在 PC1 ping Internet 路由器回环接口（IP 为 1. 1. 1. 1）时，关闭 R1 的 E0/0 接口，整个 ping 的过程中会有短暂的不通。ping 命令的返回结果和路由跟踪的结果如图 12 – 9 所示，图中 ping 的成功率 999/1000。请读者思考为何会有短暂的不通。图 12 – 9 中的路由跟踪与图 12 – 8 比较，第一跳路由器变成了 192. 168. 1. 2 即 R2 路由器。

```
PC1
PC1#ping 1.1.1.1 repeat 1000
Type escape sequence to abort.
Sending 1000, 100-byte ICMP Echos to 1.1.1.1, timeout is 2 seconds:
!!!!!!!!!!!!!!!!!!!!!!!!!!!!!!!!!!!!!!!!!!!!!!!!!!!!!!!!!!!!!!!!!!!!!!!!
!!!!!!!!!!!!!!!!!!!!!!!!!!!!!!!!!!!!!!!!!!!!!!!!!!!!!!!!!!!!!!!!!!!!!!!!
!!!!!!!!!!!!!!!!!!!!!!!!!!!!!!!!!!!!!!!!!!!!!!!!!!!!!!!!!!!!!!!!!!!!!!!!
!!!!!!!!!!!!!!!!!!!!!!!!!!!!!!!!!!!!!!!!!!!!!!!!!!!!!!!!!!!!!!!!!!!!!!!!
!!!!!!!!!!!!!!!!!!!!!!!!!!!!!!!!!!!!!!!!!!!!!!!!!!!!!!!!!!!!!!!!!!!!!!!!
!!!!!!!!!!!!!!!!!!!!!!!!!!!!!!!!!!!!!!!!!!!!!!!!!!!!!!!!!!!!!!!!!!.!!!!!
!!!!!!!!!!!!!!!!!!!!!!
Success rate is 99 percent (999/1000), round-trip min/avg/max = 1/1/21 ms
PC1#traceroute 1.1.1.1
Type escape sequence to abort.
Tracing the route to 1.1.1.1
VRF info: (vrf in name/id, vrf out name/id)
  1 192.168.1.2 1 msec 2 msec 2 msec
  2 192.168.3.1 3 msec 3 msec *
PC1#
```

图 12 - 9 异常时 ping 和路由跟踪

查看 R1 与 R2 路由器的备份组信息可以看到，R1 已经不知道谁是活动路由器，谁是备份路由器，而 R2 成了活动路由器但不知道谁是备份路由器，如图 12 - 10 所示。

```
R1
R1#show standby
Ethernet0/0 - Group 1
  State is Init (interface down)
    3 state changes, last state change 00:08:56
  Virtual IP address is 192.168.1.254
  Active virtual MAC address is unknown
    Local virtual MAC address is 0000.0c07.ac01 (v1 default)
  Hello time 3 sec, hold time 10 sec
  Authentication MD5, key-string
  Preemption enabled
  Active router is unknown
  Standby router is unknown
  Priority 120 (configured 120)
  Group name is "hsrp-Et0/0-1" (default)
R1#
R1#
R1#
R1#        R2
R1#        R2#show standby
R1#        Ethernet0/0 - Group 1
R1#          State is Active
R1#            2 state changes, last state change 00:09:53
R1#          Virtual IP address is 192.168.1.254
R1#          Active virtual MAC address is 0000.0c07.ac01
R1#            Local virtual MAC address is 0000.0c07.ac01 (v1 default)
           Hello time 3 sec, hold time 10 sec
             Next hello sent in 1.472 secs
           Authentication MD5, key-string
           Preemption enabled
           Active router is local
           Standby router is unknown
           Priority 100 (default 100)
           Group name is "hsrp-Et0/0-1" (default)
         R2#
```

图 12 - 10 R1 与 R2 的备份组信息

12.3.2 MHSRP 的配置

MHSRP 实际上是在一组路由器上创建多个不同的 HSRP 备份组,在每个 HSRP 组中分别指定一个与其他组不同的活动路由器。各个 HSRP 备份组的配置方法与上一小节 HSPR 的配置一样,只是在配置 MHSRP 时,需要在每个 HSRP 的接口上配置"standby preempt"抢占命令,以便在活动路由器失效时进行活动路由器的抢占,实现负载分担。

在图 12-5 中,在 R1 和 R2 这组路由器中创建两个 HSRP 备份组,第一个备份组活动路由器为 R1,PC1 的网关为第一个备份组的虚拟 IP。第二个备份组活动路由器为 R2,PC2 的网关为第二个备份组的虚拟 IP。

1. 具体配置命令

(1)R1 的配置:

```
R1(config)#inte e0/0
R1(config-if)#standby 1 ip 192.168.1.254
//创建备份组1,虚拟 ip 为 192.168.1.254
R1(config-if)#standby 1 priority 120    //设定优先级,R1 为备份组 1 的活动路由器
R1(config-if)#standby 1 preempt
R1(config-if)#standby 2 ip 192.168.1.253
//创建备份组2,虚拟 IP 为 192.168.1.253
R1(config-if)#standby 2 preempt
```

(2)R2 的配置:

```
R2(config)#inte e0/0
R2(config-if)#standby 1 ip 192.168.1.254
R2(config-if)#standby 1 preempt
R2(config-if)#standby 2 ip 192.168.1.253
R2(config-if)#standby 2 priority 120    //设定优先级,R2 为备份组 2 的活动路由器
R2(config-if)#standby 2 preempt
```

2. 验证

(1)查看备份组信息。从图 12-11 中可以看出,R1 路由器和 R2 路由器的 E0/0 接口上各有两个备份组,R1 是备份组 1 的活动路由器,同时是备份组 2 的备份路由器,备份组 1 的虚拟 IP 为 192.168.1.254;R2 是备份组 2 的活动路由器,同时是备份组 1 的备份路由器,备份组 2 的虚拟 IP 为 192.168.1.253。

(2)正常时验证。设置 PC1 的网关为 192.168.1.254,PC2 的网关为 192.168.1.253。PC1 和 PC2 分别 ping Internet 路由器的回环接口并进行路由跟踪,从图 12-12 可以看出结果与配置期望一致。

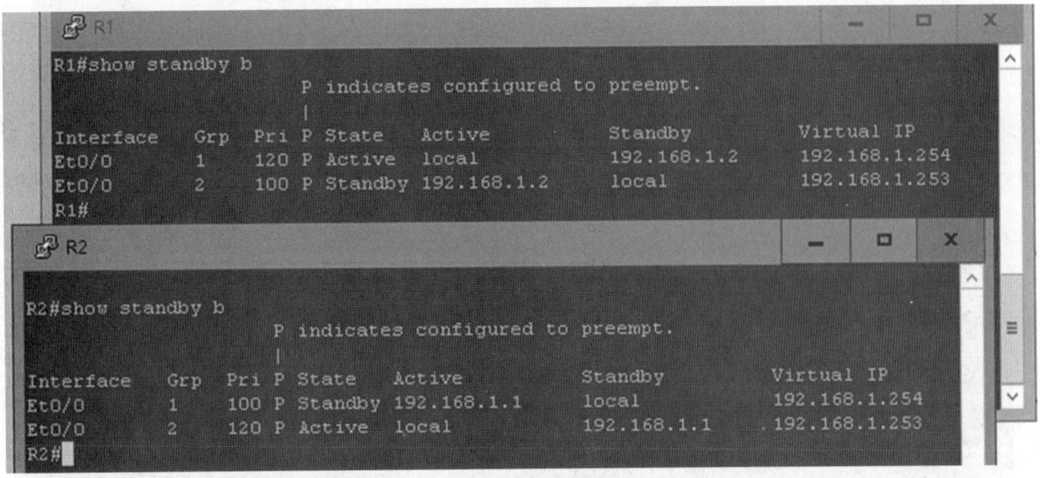

图 12 – 11　从 MHSRP 查看备份组信息

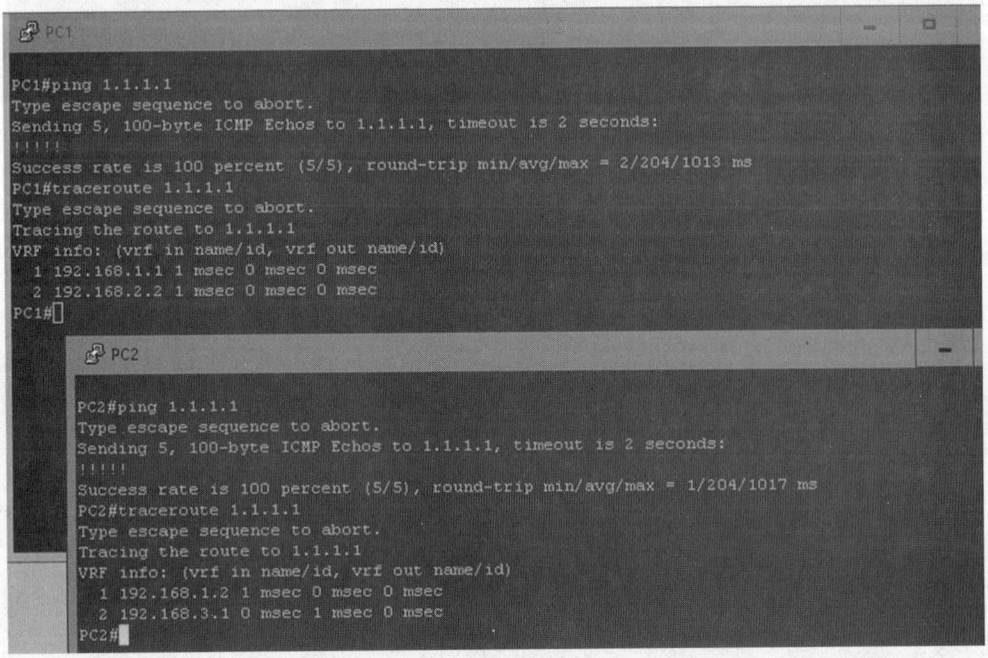

图 12 – 12　MHSRP 路由跟踪与 ping 测试

（3）异常时验证。关闭 R1 的 E0/0 接口，Ping 命令的返回结果和路由跟踪的结果如图 12 – 13 所示。图 12 – 13 中 PC1 的路由跟踪与图 12 – 12 比较，第一跳路由器变成了 192.168.1.2 即 R2 路由器，而 PC2 的路由跟踪结果没有变。

```
PC1
PC1#ping 1.1.1.1
Type escape sequence to abort.
Sending 5, 100-byte ICMP Echos to 1.1.1.1, timeout is 2 seconds:
!!!!!
Success rate is 100 percent (5/5), round-trip min/avg/max = 1/1/1 ms
PC1#traceroute 1.1.1.1
Type escape sequence to abort.
Tracing the route to 1.1.1.1
VRF info: (vrf in name/id, vrf out name/id)
  1 192.168.1.2 0 msec 1 msec 0 msec
  2 192.168.3.1 1 msec 0 msec 1 msec
PC1#
```

```
PC2
PC2#ping 1.1.1.1
Type escape sequence to abort.
Sending 5, 100-byte ICMP Echos to 1.1.1.1, timeout is 2 seconds:
!!!!!
Success rate is 100 percent (5/5), round-trip min/avg/max = 1/1/1 ms
PC2#traceroute 1.1.1.1
Type escape sequence to abort.
Tracing the route to 1.1.1.1
VRF info: (vrf in name/id, vrf out name/id)
  1 192.168.1.2 1 msec 0 msec 0 msec
  2 192.168.3.1 1 msec 0 msec 1 msec
PC2#
```

图 12 – 13 MHSRP 异常时路由跟踪与 ping 测试

查看 R1 和 R2 的备份组信息，可以看出 R1 因为端口被关闭，备份组 1 和备份组 2 的活动路由器和备份路由器都变成了未知，而 R2 路由器中备份组 1 和备份组 2 的活动路由器都变成了 R2，如图 12 – 14 所示。

```
R1
R1#show standby b
                  P indicates configured to preempt.
                  |
Interface  Grp  Pri P State    Active      Standby     Virtual IP
Et0/0      1    120 P Init     unknown     unknown     192.168.1.254
Et0/0      2    100 P Init     unknown     unknown     192.168.1.253
R1#
R1#
R1#
```

```
R2
R2#show standby b
                  P indicates configured to preempt.
                  |
Interface  Grp  Pri P State    Active      Standby     Virtual IP
Et0/0      1    100 P Active   local       unknown     192.168.1.254
Et0/0      2    120 P Active   local       unknown     192.168.1.253
R2#
```

图 12 – 14 MHSRP 异常时备份组信息

12.4　VRRP 的配置

　　VRRP 的基本配置、认证与 HSRP 的基本配置、认证基本一样。VRRP 的负载分担配置与 HSRP 的配置基本一样，只是将 HSRP 各项配置命令中的"standby"关键字换成"vrrp"。VRRP 配置的基本命令为：

```
Router(config - if)#vrrp [group - number] ip [ip - address [secondary]]
```

　　此命令中的各项参数与 HSRP 配置命令中的各项参数所表达的意思一样，区别就在于 HSRP 中的"ip – address"不能是路由器所拥有的真实 IP，而 VRRP 中则可以是路由器拥有的真实 IP。

　　下面以图 12 – 5 为例介绍 VRRP 的负载分担的具体配置，其他 VRRP 的配置及 VRRP 的验证留给读者自行实践。

　　(1) R1 的配置：

```
R1(config)#inte e0/0
R1(config - if)#vrrp 1 ip 192.168.1.254
//创建备份组1,虚拟 IP 为192.168.1.254.注意这里的虚拟 IP 也可以为 e0/0 的接口 IP 地址
//192.168.1.1.这样的话 R1 自动成为备份组1中的主路由器(活动路由器)
R1(config - if)#vrrp 1 priority 120   //设定优先级,R1 为备份组1的活动路由器
R1(config - if)#vrrp 1 preempt
R1(config - if)#vrrp 2 ip 192.168.1.253   //创建备份组2,虚拟 IP 为192.168.1.253
R1(config - if)#vrrp 2 preempt
```

　　(2) R2 的配置：

```
R2(config)#inte e0/0
R2(config - if)#vrrp 1 ip 192.168.1.254
R2(config - if)#vrrp 1 preempt
R2(config - if)#vrrp 2 ip 192.168.1.253
R2(config - if)#vrrp 2 priority 120   //设定优先级,R2 为备份组2的活动路由器
R2(config - if)#vrrp 2 preempt
```

12.5　项目实施：网关冗余备份的应用

1. 发包方项目需求

　　在项目拓扑图图1 – 8 中，服务器区是业务的重要访问区域，需要保证服务器区与服务器区外的高可用性，防止服务器区的网关单点故障，且需要充分利用线路和设备资源，尽量不要有闲置的线路和设备。

2. 接包方对项目分析

服务器区的出口网关有两个，分别为 C1 和 C2 核心交换机，而服务器向外发送数据时只能确定一个网关 IP 地址。如果部分服务器的网关设置成 C1 核心交换机同网段的 IP 地址，其余服务器的网关设置成 C2 核心交换机同网段的 IP 地址，则网关没有起到备份作用。为了达到流量分担和网关备份的目的，技术人员决定采取 MHSRP 技术进行配置。各个服务器对应的网关 IP 地址分配如表 12 - 2 所示。

表 12 - 2　服务器所对应网关

服务器名	服务器 IP	网关 IP	备份组序号	活动路由器	备份路由器
WEB 服务器	172. 16. 3. 1	172. 16. 3. 250	1	C2	C1
DNS 服务器	172. 16. 3. 3	172. 16. 3. 250	1	C2	C1
邮件服务器	172. 16. 3. 2	172. 16. 3. 251	2	C1	C2

3. 项目配置实施

（1）C1 核心交换机的配置：

```
C1(config)#inte e1/1
C1(config-if)#standby 1 ip 172.16.3.250
C1(config-if)#standby preempt
C1(config-if)#standby 2 ip 172.16.3.251
C1(config-if)#standby 2 priority 120
C1(config-if)#standby 2 preempt
```

（2）C2 核心交换机的配置：

```
C2(config)#inte e1/1
C2(config-if)#standby 1 ip 172.16.3.250
C2(config-if)#standby 1 priority 120
C2(config-if)#standby 1 preempt
C2(config-if)#standby 2 ip 172.16.3.251
C2(config-if)#standby 2 preempt
```

（3）按表 12 - 2 设置各个服务器的网关地址，项目的验证留给读者自行配置后进行。

4. 排错时的注意事项

如果频频出现配置错误提示，这表明交换机收到了错误的 HSRP 或 VRRP 报文。一种可能是备份组内的另一台交换机配置不一致，另一种可能是有设备试图发送非法的 HSRP 或 VRRP 报文。对于第一种可能，可以通过修改配置解决；对于第二种可能，则说明有些设备有不良企图，可以对 HSRP 或 VRRP 进行认证配置，或者通过非技术手段解决。

如果在同一个备份组内出现多个 Master 或 Active 设备，则可能有两种原因，一种是多个 Master 或 Active 设备并存时间较短，属于正常情况，无须人工干预；另一种是多个

Master 或 Active 设备长时间共存，有可能是备份组内成员之间收不到 VRRP 或 HSRP 报文，或者收到的报文不合法。

对于同一个 VRRP 或 HSRP 备份组的配置，必须保证虚拟路由器的 IP 地址个数、每个虚拟路由器的 IP 地址、定时器间隔时间和认证方式完全一样。如果出现 VRRP 或 HSRP 状态频繁转换，一般是由备份组定时器间隔时间设置得太短造成的，加大这个时间间隔或者设置抢占延迟都可以解决这种故障。另外还要学会利用 Debug 命令观察调试信息。

参考文献

[1] 梁广民，王隆杰. 网络设备互联技术[M]. 北京：清华大学出版社，2006.

[2] [美]Toby J. Velte，Anthony T. Velte. 思科入门指南[M]. 崔高峰，王卫东，译. 北京：电子工业出版社，2015.

[3] [美]John Tiso. CCNA 学习指南：Cisco 网络设备互联（ICND2）[M]. 4 版. 纪小玲，马东芳，黄海枫，译. 北京：人民邮电出版社，2014.

[4] 王达. Cisco 交换机配置与管理完全手册[M]. 2 版. 北京：中国水利水电出版社，2013.

[5] [美]那比克·科查理安，[斯]彼得·派拉奇. CCIE 路由和交换认证考试指南[M]. 5 版. yeslab 工作室，译. 北京：人民邮电出版社，2016.

[6] 斯桃枝. 路由协议与交换技术[M]. 北京：清华大学出版社，2012.

[7] 尹淑玲. 交换与路由技术教程[M]. 武汉：武汉大学出版社，2012.

[8] 唐俊勇，肖锋，容晓峰. 路由与交换网络基础与实践教程[M]. 北京：清华大学出版社，2011.

[9] 崔北亮. CCNA 学习与实验指南[M]. 北京：电子工业出版社，2014.